U0175659

药物全生命周期中的患者参与

以患者为中心的行业实践

张　敏　姚　晨 ◎ 主　审

吴　云 ◎ 主　编

科学技术文献出版社
SCIENTIFIC AND TECHNICAL DOCUMENTATION PRESS

·北京·

图书在版编目（CIP）数据

药物全生命周期中的患者参与：以患者为中心的行业实践 / 吴云主编. —北京：科学技术文献出版社，2023.4（2023.11重印）

ISBN 978-7-5235-0107-8

Ⅰ.①药… Ⅱ.①吴… Ⅲ.①药物—研制 Ⅳ.① TQ46

中国国家版本馆 CIP 数据核字（2023）第 047126 号

药物全生命周期中的患者参与：以患者为中心的行业实践

策划编辑：袁婴婴 责任编辑：帅莎莎 袁婴婴 责任校对：王瑞瑞 责任出版：张志平

出 版 者	科学技术文献出版社	
地 址	北京市复兴路15号	邮编 100038
编 务 部	（010）58882938，58882087（传真）	
发 行 部	（010）58882868，58882870（传真）	
邮 购 部	（010）58882873	
官 方 网 址	www.stdp.com.cn	
发 行 者	科学技术文献出版社发行 全国各地新华书店经销	
印 刷 者	北京虎彩文化传播有限公司	
版 次	2023 年 4 月第 1 版 2023 年 11 月第 2 次印刷	
开 本	710×1000 1/16	
字 数	198千	
印 张	13	
书 号	ISBN 978-7-5235-0107-8	
定 价	89.00元	

版权所有 违法必究

购买本社图书，凡字迹不清、缺页、倒页、脱页者，本社发行部负责调换

编 委 会

主　审：张　敏　姚　晨
主　编：吴　云
副主编：曹　茜　夏　艳　杜姗姗　张　瑾
编　者（按姓氏拼音排序）：

曹　茜　　陈翠倩　　戴苏苏　　窦晓雪　　杜姗姗
顾洪飞　　郭晋川　　霍　达　　江苇杭　　蒋毅捷
金健健　　金琇泽　　李琛琛　　李林国　　刘　鑫
刘晓芳　　刘轩飞　　陆　昀　　马瑞雪　　潘初霞
乔友林　　任　瑜　　史安利　　孙中伦　　汪　泳
王佳音　　吴　云　　夏　艳　　邢焕萍　　徐　蕊
徐慧芳　　严晓鹏　　杨惟希　　张　瑾　　张　敏
赵　洁　　赵　静　　赵　玲　　甄碧泓　　郑文婕
朱　瑛

序　一

欣闻《药物全生命周期中的患者参与：以患者为中心的行业实践》一书出版，备受鼓舞，仅从一个制药行业从业者的角度谈几点看法。

（1）"以患者为中心"不再是一个口号。几年前我们提出一个6P理论，即从1P（physician）到6P（policy maker, payer, physician, pharmacist, patient, public）。核心内容就是制药企业的工作重点要从以医生为中心（当时眼里基本只有医生）向以患者为中心（到6个利益相关方）的服务模式转变。现在看来，这些方面基本上都有了明显进步。我国的政策制定已经从以医疗为主的公立医院改革过渡到以人民健康为宗旨的全面体系打造；从关注疾病治疗向预防和康养两个方面延伸。促进创新药物的研发，带量采购及支付制度的改革使患者享受到质优、价廉的药物。无论是医院还是药店的专科药师都极大地提升了药师的服务能力。技术的进步催生了互联网医疗，DTP药房和快递服务的蓬勃发展，在今后的生活中将会广泛普及。科普教育才刚刚起步，无论是患者还是公众的健康素养都会得到快速提高。

（2）患者真正参与到了药物的全生命周期中。目前在顶级跨国公司中，多数都设置了与患者相关的岗位，甚至提升到了首席患者官（chief patient officer, CPO）的高度，国内部分公司中也已经有了相应的职位。临床研究中，无论是研究方案的确立、临床试验的运行、患者招募、结果呈现都有患者的参与，患者事务和医学事务一样，已经是制药企业不可分割的一部分。临床研究的模式已经从以医院为中心过渡到以患者为中心。过去的临床研究，患者的病史、实验室数据、影像学检查等都是在医院床边采集，随着可穿戴设备、远程医疗、AI等技术的快速普及，数字化临床试验（digital clinical trial）已经成为流行趋势。真实世界研究的普及让更多患者参与到临床研究和证据生成过程中。产品商业化过程中，准入、定价、临床应用、药物警戒等更是离不开患者事务的支持。

（3）疾病管理也是从"以医生为中心"向"以患者为中心"演变。技术的进步、知识的可及性，以及患者的健康素养越来越高，过去医生开药患者拿药的日子将一去不复返了，取而代之的是患者的自我管理和医患共同决策。特别是在罕见病领域的患者组织如雨后春笋般不断建立和逐渐规范，已经成为一支不可或缺的力量，在临床研究、政策倡导、疾病教育等方面都发挥着举足轻重的作用。自媒体的加持也让患者的声音越来越大，积极影响着利益相关方的改变与进步。

近年来，中国医学发展促进委员会（China Medical Advance Committee，CMAC）一直在推动以患者为中心的落地，召开相关会议并举办相关讲座。本书的出版会使以患者为中心的理念更加深入人心，广大的患者会更加获益。

赛诺菲大中华区医学部负责人　谷成明

序 二

中国的医疗卫生环境在过去的十年里发生了巨大的变化，同时国家明确了推进健康中国建设的宏伟蓝图和行动纲领，保障人民群众身体健康成为最大的民生实事。而药物在保障健康民生方面发挥着重要的作用，制药企业在医疗卫生事业和国民经济中占有重要的地位。药物是为患者研制的，一个好的药物不仅能解决患者的疾苦，拯救一个家庭，还应该能为整个社会节约资源，创造价值。

我个人的患病经历及这些年开展的患者康复工作，让我深刻体会到一个患者要得到及时有效的药物治疗离不开社会各界和各方的支持，这其中制药企业发挥着很大的驱动和桥梁作用。一个药从研发到最终进入临床被患者使用要耗费大量的时间和资金，制药企业只有关注患者需求，让药物的开发、准入、临床应用始终以患者为中心，才能推动各个环节各项工作的有效开展和落实。而患者组织作为患者群体的代言人可以和制药企业甚至更多利益相关方包括政府、支付方、医疗机构持续反馈患者的需求和观点，作为药物开发使用过程中的有效助力。

今天当我看到《药物全生命周期中的患者参与：以患者为中心的行业实践》一书时，非常感慨，制药行业尤其是跨国药企，如罗氏、武田、阿斯利康、默克等这些年在患者参与方面发出了很多声音，也开展了很多尝试，现在看到有这么多的案例呈现在面前，涉及药物全生命周期的各个环节，让我感受到了企业确实在认真履行"以患者为中心"的承诺。很多患者组织参与了其中的工作，如我们北京爱谱癌症患者关爱基金会与其他专业机构联合开展了"中晚期结直肠癌患者生存现状调查研究"，基于该研究结果我们向政府建言献策，涉及癌症早筛、精准治疗、新药准入等。其他患者组织如淋巴瘤之家、美儿SMA

关爱中心、风信子亨廷顿舞蹈症关爱中心等也都积极参与了药物研发、新药准入和患者疾病科普等相关工作。这些案例促进了行业内的交流、学习和共同进步。

但是我们也看到国内制药行业的患者参与工作离国际先进水平还有很大差距，我们还有很多工作要去推动落实。希望有越来越多的药企能够重视患者的声音和诉求，推动行业多方共建。患者组织也需要不断提高自身的组织能力，借助政策利好，积极参与到医疗卫生事业中，助力实现健康中国的宏伟蓝图，也期待未来能看到更多患者参与的实践案例。

北京爱谱癌症患者关爱基金会主席　史安利

序 三

最近几年，"以患者为中心"的理念已经被越来越多相关方提及，广大病友也有了更多空间与信心去为自己能够使用上更好的药物而努力。我作为一名罕见病患者和患者组织的创办者，希望各相关方，尤其是制药行业同仁，可以从这本书中得到一些启发。

如何实现"以患者为中心"？我们早已清楚这不是一句简单的口号，但如何真正在药物全生命周期中去实现，还需要更多方法，而其中与患者组织的合作尤为重要，或者说与患者组织合作是实现"以患者为中心"的捷径。患者组织作为距离患者最近的一环，一方面可以将不同患者的个性化诉求和声音尽量给予分类整理并呈现；另一方面可以通过患者组织的专业性，将患者声音进行转化以便更容易被相关方理解。同时，患者组织还能为患者实现外部信息和资源的连接，并在连接的过程中建立共识。最终，共同解决患者问题。

医药领域是一个非常专业的领域，而每天都在生病吃药的患者亦有着不可替代的专业性。但是，如何看到、挖掘，理解和尊重患者的专业性，是很多制药企业面临的挑战。对于制药行业的伙伴，放下过去对于"专业"的固有认知，拥抱患者，尊重患者拿身体与生命获得的每一份体验，并试着先放下"患教"这件事儿，去向患者的"专业"请教和学习。此外，由于病友们的教育程度、工作背景、沟通表达方式等各有不同，用大家听得懂、能同频的方式沟通尤其重要。对于医药企业而言，这些并不容易做到，但在本书中，我们可以看到做了之后所发生的改变，这些改变值得我们去做更多的尝试。

感谢 CMAC 与广州市红棉肿瘤和罕见病公益基金会顺应时代的发展和行业需求，及时推出《药物全生命周期中的患者参与：以患者为中心的行业实践》一书。正如本书中呈现的案例，患者组织和制药行业在药物全生命周期中都发挥了特别重要和关键的作用，相信在未来，随着全行业人员的努力，会有更多人看到和认可患者及患者组织在药物全生命周期中的作用，并愿意让患者和患者组织参与到基础研究、药物研发、药物准入、临床应用甚至保障支付等不同阶段，最终，中国患者群体能够快速便捷获得更多全球创新药物。

瓷娃娃罕见病关爱中心、病痛挑战基金会创始人　王奕鸥

前　言

　　2023 年的春天让人格外期盼，人们渴望沟通、联结、进步。在这个充满生机与力量的春天里，每个人都忙着并快乐着，《药物全生命周期中的患者参与：以患者为中心的行业实践》一书的编撰工作也进入尾声。本书从构思、约稿到成书历经一年多的时间，作为主编有机会纵观行业内患者参与的现状，看到了制药企业和患者群体在实践中收获的成果和启发，也看到了患者参与所面临的挑战和机遇。

　　在制药行业从业的 20 年时间里，我的很多工作都与患者直接相关。从2003 年开展移植受者的患者关爱工作，到后来开展肿瘤、罕见病领域的患者合作，深刻地感受到了患者工作的重要性，也切身地经历和体会了企业患者事务在时代和行业发展大环境下的演变过程。2021 年我加入广州市红棉肿瘤和罕见病公益基金会开展患者倡导，同样是患者工作，但由于平台和视角不同又有了新的认识和想法。之前在药企更多的是聚焦企业当前或未来可预见的业务需求，在药物全生命周期和患者组织开展相应的合作，以及为提升患者群体影响力而进行患者组织赋能。而在公益组织的平台上，可以以更宽广的视角去看整个行业和患者群体所面临的共性问题，可以作为一个桥梁对接制药行业和患者群体，以及与更多利益相关方共同探索如何通过多方协作惠及患者。

　　患者参与的概念和实践虽然在国内制药行业中引入的时间不长，但由于行业的快速发展和激烈竞争，药企和利益相关方都意识到满足患者需求才是药物最核心的价值，也是各方决策的关键依据，因此在各自工作中逐步开展患者参与。越来越多的药企开始设立患者参与相关的职能部门或团队，但由于患者参与这一业务性质的"新"属性，企业在具体工作落实方面并没有成熟的、可参考的模式，行业内也缺乏操作共识，更多的是在探索实践中不断总结经验而逐步完善。因此，企业之间的经验分享、模式借鉴是现阶段企业发展患者参与的有效助力。本书围绕药物全生命周期中的患者参与这一主题，详细介绍了药物研发阶段、准入阶段及临床应用阶段中患者参与的方式、内容和意义，并以制药企业和患者组织合作的实际案例加以阐述，同时邀请部分案例中涉及的主要利益相关方对案例的实际执行效果和影响力予以点评，对今后工作给予进一步的指导。

由于患者参与在制药行业仍属于一个新兴领域，很多工作仍在布局和计划中，相应的政策流程也在同步建立和完善，所以很多工作目前看来仍是探索性的，在项目的呈现上并不完整或完美。但是，我们理解患者参与的影响力在于长期而非短期获益，认可探索和试错的价值，在这个过程中积累的经验和获得的启发同样宝贵。因此我们尽可能完整地呈现每个项目的思路和实际产出，希望能帮助相关从业者在工作中多一个患者角度来思考问题，增进患者群体对制药行业的了解，并对制药企业开展合作有更全面的认识。同时也希望本书能对更多医疗卫生健康的圈内人士，以及其他关注医疗卫生健康领域的圈外人士有所帮助和启发，共同推动患者参与的落地，并提高患者参与的价值。

在这些年的工作中，有幸得到了很多具有远见卓识的领导的战略指引，结识了许多志同道合的同行，有机会一起探讨和实践患者参与问题的解决方案，很多患者组织的工作人员、病友在合作过程中亦成了我的良师益友。CMAC 作为国内医学事务第一平台，非常重视患者参与，一年多前双方决定合作出版本书，将行业内患者参与的理念和实践做一个阶段性的梳理、总结和沉淀，并期待患者参与的进一步发展，未来能呈现更多的经典案例。

感谢所有参与此书编写、审核、出版的工作人员，也感谢患者参与相关的同仁对本书的关注。

吴 云

目　录

第一章
药物全生命周期中的患者参与

一、为什么要开展患者参与

吴 云

长久以来，制药行业因其产品与人们的生命健康息息相关而备受关注。即使不身处医疗卫生领域，人们也能从不同的渠道接触到与卫生健康相关的资讯、信息或故事。尤其这两年多来全球经历了新型冠状病毒感染疫情，大众对病毒、疫苗、公共卫生有了更多的认识，对治疗药物和卫生医疗体系有了更多的期待。疫情是突发事件，而人类长久以来面对的疾病不计其数，在与疾病抗争的漫长过程中，人类对药物的探索与研究从未止步。19世纪初，人们对物质的认识发展到分子和原子层面，诞生了化学学科，也开启了小分子药物时代。药物发展经历了从小分子、蛋白质类药物到核酸类药物，进入了当今的基因疗法时代[1]。但是由于制药行业高技术壁垒的特殊属性，大众对其高投入、高风险的特点，内部的细致分工运作，以及外部的多方严格监管知之甚少，由此产生了不同的认知和理解，有些可能是非常片面和局限的。

作为守护人民健康的一分子，制药企业在医疗卫生事业和国民经济中占有重要的地位。我国已经形成了比较完备的医药工业体系和医药流通网络，发展成为世界制药大国。制药企业的责任不仅仅是研制出更好的药，还要承担起经济、环境、社会等各方面的企业公民责任，尽可能地节约成本，最大化地合理利用资源，为患者和社会创造价值，而单靠企业一方是无法完成这一宏伟使命的，需要和社会各界共创共建。患者组织作为药物最终使用群体的代言人，正发挥着他们的洞察力、号召力和影响力，在药物全生命周期中的参与逐渐由被动走向主动，甚至发挥着推动性的作用。

通常来说，患者和制药公司的联系始于患者由于疾病开始接受药物治疗之际。无论该药物是患者可自行购买的非处方药（OTC），还是需经临床医生诊断后开具的处方药，患者作为药物的直接使用者，他们对药物的反应（包括疗效和安全性）直接决定了他们是否适合使用这个药物，药物的价格和最终支付费用决定了患者能否承受并愿意买单。甚至药物获取的便利性、使用的友好度（如口味、给药方式、贮存方式等）都会成为患者是否继续或再次使用该药的考量因素。因此，在过去的数十年中，制药行业除了与医生群体进行药物信息沟通及药物研发合作之外，还开展了诸多面向患者群体的售后工作，其中针对产品的问询热线开展最为广泛，但产品热线可提供的服务相对局限，主要是针对产品的质量、渠道、价格等相关问题进行解答，同时产品问询热线也是药物不良反应的监测渠道之一。除此之外，为了帮助已经开始治疗的患者正确使用药物、从规范化治疗中获益，同时了解患者对药物的使用反馈，制药企业提供患者教育、患者管理、患者支持等系列服务。行业内部一般将这些工作统称为"患者教育"，通常有专门的团队负责，也有具体的职能设定。

而实际上，患者和制药公司的联系早在制药公司了解患者需求和市场需求的那一刻就已经开始了，这种联系将始终伴随着药物的整个开发过程。对于患者来说，在疾病确诊之后，最关心的问题首先是有没有相应的治疗方法，其次是药物的疗效、安全性和可支付性。这些问题虽然出现在药物即将或已经被使用之际，但若溯其根源其实涉及了药物生命周期的各个阶段，从药物的早期研发到临床试验，再到注册审评，以及上市后的市场准入和再评价，这一系列工作的最终结果决定了患者能否得到最合适的治疗药物。只不过在过去很长一段时间里，这种联系大多是患者无意或被动参与的，如患者的临床数据包含在科研报告中呈现给药物开发者，或者患者参与研究机构或药企的市场调研反馈需求和想法等。而有远见的药物开发者已经意识到尽早、主动、系统地去了解患者的需求、意见和反馈对于药物开发的必要性和重要性，开始将患者的观点、诉求整合进药物全生命周期中的各个环节，以确保药物开发始终围绕患者需求，并以患者的临床获益为最终导向而不断往前推进。

随着国民经济的增长与发展，人民生活水平不断提高，人口老龄化持续加剧。人们对医疗服务包括药品的需求持续扩大，医药行业整体发展持续向好，但同时也正经历着巨大的变革。制药行业竞争日趋激烈，众多原研药、仿制药、生物类似药的陆续上市，一致性评价和带量采购的实施与推广，医保谈判下的大幅度降价等，使得原研药公司已经意识到要在这个竞争激烈的红海中保持不败甚至领先地位，就必须跳出这个局面，开创属于自己的蓝海，不断开发出疗效更好、不良反应更小，并且使用更方便、性价比更高、更能满足患者需求的创新药品，尽快上市并实现药物可及，从而占领市场先机，在有限的时间窗内为企业的持续发展和下一轮药物研发赢得更多的时间和机会。

与此同时，人民大众对社会生活的参与度也越来越高，加之数字化技术的普及和发展，大众获取信息的渠道及传递信息的方式都较以往大为改观，自媒体的兴起更是让普通人可以自带流量。大众不再满足于单纯被动地获取信息，而是更加积极地分享、发声，主动参与到社会生活的方方面面。患者通过这些参与，对疾病本身和医疗卫生体系有了更多的认识和理解，因此在医患沟通、自我健康管理，以及医疗卫生相关决策中开始发挥主观能动性，表达自我主张和见解。除了个体差异，特定疾病的患者群体通常会面临很多共性问题，如罕见病群体的无药可医、长期治疗的经济负担、肿瘤和慢性病患者的长期治疗与随访等。患者基于这些共性的需求很容易自发地走到一起进行互助，在信息、渠道及心理方面予以互相扶持，并逐步形成一些有规模的团体或组织，主动和利益相关方开展沟通，反映患者需求，倡导患者权益，为解决患者群体的共性问题，帮助患者获得治疗和康复，甚至融入社会而开展各方面的工作。

对制药企业来说，患者群体是了解患者需求和药物在真实世界的使用情况、评价患者实际支付能力的直接渠道。通过这些一手资料，同时结合临床专家、科研机构、政策制定者等多方见解，制药企业可以做出更合理的战略规划，这其中包括新药的开发引进、投资组合、市场准入，以及医疗卫生体系的合作共建等。因此，近年来，我们看到制药行业开始将患者群体视为企业重要的合作伙伴之一，在传统的临床、政府、渠道、媒体等合作之外开始探索和患者群体的沟通合作；在既往"患者教育"之外，开始设定"患者参与""患者倡导""患者合作"等职能，在药物全生命周期中各个阶段系统地开展患者相关的工作，期待这些工作能够给企业带来更深的洞察与更多的思考，帮助企业精准定义药物开发的患者获益和价值，推动药物研发进展，保障药物可及，助力药物的规范化使用，我们将这些工作统称为"患者参与"。

二、什么是药物全生命周期

吴　云

　　传统概念上的药物生命周期指的是产品的市场寿命，即一种产品从准备上市开始到被市场淘汰、退出市场的整个过程。一般会经历导入期、成长期、成熟期和衰退期4个阶段。产品生命周期一般用于市场营销领域，产品经理依据生命周期的规律，通过对市场环境和客户的分析预测来制定市场策略，尽可能缩短产品的导入期，延长成长期和成熟期，从而实现产品利益最大化。而广义的药物生命周期是指从药物的实验室研发开始，到开展临床研究、获批上市、上市后临床应用，直至由于各种原因退出市场的整个过程。我们称之为药物全生命周期，其中也包含了上述传统概念的产品生命周期。全生命周期的概念可以帮助我们更好地理解"药物是为人类而生产，不是为追求利润而制造"（引自默沙东创始人乔治·默克），也可以帮助我们全面了解药物是如何以人为本、以科学为纲，一步一个脚印从实验室逐步走向临床，最终为患者所用。

　　下面将以一个完全的新药 * 为例简单说明药物全生命周期几个阶段的主要工作：

1. 早期研发阶段

　　该阶段主要包括新药的发现和临床前研究两部分。新药的发现，确切地说应该是先导化合物的发现，是通过分析疾病的致病机制确定药物靶标，再寻找或合成先导化合物，之后合成并筛选活性化合物，最终确定目标候选药物。这一阶段的工作一般是由药物化学家在实验室完成。候选药物确定后，可以向药监部门申请开展临床前研究。临床前研究需要多学科的协作，包括合成工艺、制剂开发、药代动力学、药理学、毒理学等。不同的药物制剂涉及的审批内容不尽相同。该阶段通常会涉及动物实验，目的是初步确定药物的有效性和安全性。

---

* 完全的新药：即新化学实体，是相较于"新治疗实体"而言，后者是通过选择已上市的新药（数据保护期限已过）作为参比药物，对其进行结构修饰，通过二次创新获得的新药产品。

2. 临床研究阶段

当候选药物通过临床前研究后，即向药监部门提交新药临床研究申请（investigational new drug，IND），获得批准后可以开展临床研究，新药正式进入人体试验阶段，该阶段一般包括Ⅰ期、Ⅱ期、Ⅲ期临床试验。

①Ⅰ期临床试验：是将新药第一次用于人体的试验，受试者一般为健康志愿者或特定人群，如晚期肿瘤患者。通过研究确定试验药物的药代动力学，观察人体对药物的反应及耐受性，对药物的安全性做出评价，为Ⅱ期临床试验的给药方案和安全剂量提供参考依据。

②Ⅱ期临床试验：为治疗作用的初步评价阶段，研究药物在目标适应证患者体内的药代动力学，并通过随机盲法对照试验，观察药物的有效性、合适剂量，确定量效关系，对新药的有效性和安全性作出初步评价，为设计Ⅲ期临床试验和确定给药方案提供依据。

③Ⅲ期临床试验：通常需要大样本的受试者（患者），且在多个研究中心完成。一般将试验药物与安慰剂或已上市的药物进行大样本随机双盲对照研究，进一步评价试验药物在广泛患者人群中使用的有效性和安全性、药物间的相互作用等，通过分析确定试验药物是否优于或不差于市场现有药物。Ⅲ期临床试验是治疗作用的确证阶段，也是为药品注册申请提供依据的关键阶段，这往往会持续好几年。而且针对老年和儿童等特殊人群的用药安全性方面还需要更多的研究。决定一个Ⅲ期临床试验能否成功的因素很多，而设计一份合适的临床试验方案至关重要，如入排标准的设立和主要试验终点的选择都将决定着试验的效率和成败。Ⅲ期临床试验结束意味着新药上市前的研究工作基本全部完成，应审批需要进行补充研究的除外。

药物研发是一个漫长、昂贵且高风险的过程，每一种新药获得临床批准需要超过 10～15 年的时间，平均花费超过 10 亿～20 亿美元。对于任何一家制药公司或学术机构来说，经过临床前阶段对候选药物进行严格优化，将其推进到Ⅰ期临床试验已经是一项巨大的成就。然而，90% 的候选药物在进入临床研究后会在Ⅰ期、Ⅱ期、Ⅲ期临床试验和药物审批中失败。另外值得注意的是，90% 的失败率是针对已经进入Ⅰ期临床试验的候选药物，其中不包括处于临床前阶段的候选药物。如果将临床前阶段的候选药物也计算在内，药物发现 / 开发的失败率甚至高达 90% 以上。2010—2017 年临床试验数据的分析表明，导致 90% 药物研发失败的可能原因有 4 种：缺乏临床疗效（40% ～ 50%）、不可控的毒性（30%）、成药性不佳（10% ～ 15%）、缺乏商业需求和战略规划差（10%）[2]。很多新药在研究过程中没有达到预期效果，只能重新开始某一阶段的研究，甚至遗憾地宣告开发失败。如果不是完全的新药，而是新治疗实体，即对已上市的药物进行结构修饰而获得的二次创新药，以及针对已上市产品申请新的适应证等情况，流程则相对较短。

3. 新药申请阶段

Ⅲ期临床试验结束后，新药持有人可以向药监部门提交新药申请（new drug application，NDA）。申请需要提供完善的科学资料，包括所有研究中的数据和分析报告，以及说明书草案等。新药申请一旦获得药监部门批准，即可正式上市销售供临床使用。

加速获取能治疗严重疾病的药物符合每个人的利益诉求，尤其是当这些药物是第一个可用的治疗方法，或者这种药物比现有的治疗方法有优势时。我国国家药品监督管理局（National Medical Products Administration，NMPA）为鼓励研究和创制新药，加快具有临床价值和临床急需药品的研发上市，制定了《药品上市许可优先审评审批工作程序（试行）》，程序中规定药品上市注册申请时，以下情形可申请进入优先审评审批程序：①临床急需的短缺药品、防治重大传染病和罕见病等疾病的创新药和改良型新药。②符合儿童生理特征的儿童用药品新品种、剂型和规格。③疾病预防、控制急需的疫苗和创新疫苗。④纳入突破性治疗药物程序的药品。⑤符合附条件批准的药品。⑥国家药品监督管理局规定其他优先审评审批的情形[3]。

4. 市场准入阶段

新药上市仅仅是药物触达患者的开端，有效的药物保障政策才能使药物真正惠及患者。从新药获批上市到患者真正使用上药物的期间，很重要的一个工作就是市场准入。

广义的市场准入是指一个市场对特定货物和服务的开放和接受。而药物的市场准入是指通过各种系统的医学科学分析的应用、经济评价方法、市场研究及策略规划来产生及提供证据，证明创新技术对社会的临床和经济价值，并根据所产生的价值证据及市场需求设计出有效的商业谈判机制、病人资助计划，以及全方位的营销策略，最终取得市场认可及进入报销目录 [4]。药物的市场准入工作通常包括定价、渠道、医保支付、地方保障等。各级医保部门作为支付方主要通过药物经济学和医保基金压力测算来平衡各疾病各治疗方案间的价值获益从而最大限度地保障药物的可及性。

一个有效的市场准入策略应包括 4 个方面的内容：对环境的了解，证据的产生，证据的包装和沟通，以及市场准入策略方案设计 [4]。企业制定药物的准入策略需要结合国家和地方政策，运用科学的分析和评价方法对新药的价值进行评估，形成关键价值沟通主张和方案，制定有效的市场准入策略并和利益相关方沟通合作，推动策略落地，以达到最佳的市场接受程度。药品市场准入的最终目的是让患者真正用得上药、用得起药。随着国家医改的不断推进，集中带量采购、"国谈"常态化、国家基本药物目录动态调整等工作的深入开展，准入策略也需要结合患者的需求顺势而为动态调整。

5. 临床应用阶段

药物就位，医生开具处方，患者或支付方买单，患者才开始真正使用上药物。临床应用阶段的药物疗效和安全性评价主要靠实验室检查、临床评估，以及患者的主观感受。这一阶段制药企业依然需要定期向药监部门呈交有关资料，包括药物的安全性数据和质量管理记录等。制药企业一般都有严格的药物警戒流程，通过各渠道获得的药物相关不良事件需要在规定的时间范围内进行上报。对于有些药物，药监部门还会要求做Ⅳ期临床试验，以观察其在真实世界使用的长期安全性和有效性。如发现之前研究中没有发现的严重不良反应，药物会被监管部门要求加注警告说明，严重的甚至可能被下架。由此可见，药物的开发自始至终都受到药监部门的严格监管，上市前主要是监管临床研究的效果，评估药物的有效性和安全性以决定是否能够上市，而上市后对广泛人群更长久的监测能够充分保障药物的安全和合理使用。

总之，新药研发是一个高风险高投入的过程。药物研发周期长，涉及多学科、多专业的密切配合与协调，各机构也在相应的阶段各司其职，相互配合，共同推动药物从实验室最终惠及患者。同时，药物的开发又是一个庞大的系统工程，在最初考虑是否开发的时候就需要对市场进行综合全面的分析，对投放市场后的一系列可能反应做出预判，从而决定是否开发及如何开发。药物开发的复杂和严格程度需要药企内部进行细致而明确的分工。由于专业背景及岗位设定的不同，一个药企员工通常只会涉及药物全生命周期中的某个阶段或某个方面，而无法纵贯全程始终跟进药物进展。即使对一些大型国际制药公司来说，其药物的最初开发也不一定是在公司内部完成的，而是由一些小型生物技术公司完成最初的药物分子筛选和合成，再由大药企接力完成后续的临床研究、产业化及商业化。

而患者作为药物的需求方和使用方，他们的观点和反馈贯穿药物开发的始终。患者的需求是制药公司开发药物的原动力。进入到临床研究阶段，部分患者会作为受试者实际参与到药物的疗效和安全性测评中。药品上市后，患者群体作为使用者参与到更广泛更长久的临床效果和临床价值评估中。可以说，药物始于患者的需求，成于患者的使用。但是在过去的传统模式中，药物开发过程中患者的参与是被动的，是被要求的，参与结果往往也并不会告知患者。随着患者群体组织化、规模化的不断完善，患者群体开始主动反映需求、给予反馈，甚至提出建议，企业通过和患者群体开展数据相关合作，生成相应的报告提供给利益相关方做决策参考，患者群体的声音更多地被听到并被采纳。相应的，在企业内部，一个药物的成功上市并最终惠及患者需要多部门的协调与合作，对药物的开发进行整体布局和规划，共同推动和跟进药物开发进展，这其中，和患者群体的沟通合作起到了重要的连接作用。

三、如何开展患者参与

吴 云

（一）何为患者参与中的患者

1. 患者参与中的患者定义

"患者参与"中的患者和普遍意义上的患者并非完全一致，而且在不同的参与事项中有不同的侧重。例如，传统的"患者教育"项目中所指的患者即为普遍意义上真实患病的人群，以及他们的照护者。而在药物开发和应用过程中一些关键事项的沟通则是通过有代表性的患者群体或个人来完成的，其中一些群体的主要人员可能并非真正的患者或他们的照护者，而是关注该患病人群的专业人士或爱心人士。

在 2022 年 7 月 6 日国家药品监督管理局药品审评中心（Center for Drug Evaluation NMPA，简称"CDE"）发布的《组织患者参与药物研发的一般考虑指导原则（征求意见稿）》中明确指出：本指导原则中术语"患者"，不仅包括患者个体，还包括患者的家属、监护者、看护者，以及患者组织、联盟或患者团体等。指导原则特别指出"组织患者参与药物研发"并不是招募药物临床试验的受试者，而是希望通过获取来自患者的体验、需求和区分优先级，并将这些信息纳入整体药物研发计划中，从而提高整体药物研发的质量和成功率[5]。

总之，"患者参与"中的患者可以是个人也可以是组织，可以是患者，也可以不是患者，但大多数情况下是患者。其中个人代表根据其个人特点，以及在患者群体中的影响力主要分为 3 类：①患者专家（patient expert）：他们对疾病、患病群体、相关政策有较为专业的认知和理解，可以为企业等利益相关方的决策提供相关信息、观点和见解。②患者意见领袖（patient KOL）：他们的观点和建议在患者群体及医疗卫生生态圈中具有一定的影响力，被患者群体所接受或信任，他们的意见被决策者所关注，也称为"影响者"。③个体患者/照护者（individual patient/care giver）：指能够代表某一类患者或照护者特征的个体，照护者可以是家庭成员，也可以是专职的护理人员，个体的患者参与主要是分享个人的治疗体验、决策过程、未满足的需求、意见和建议等。

2. 患者组织的定义和分类

除个人代表之外，组织形式的患者群体日益受到关注，我们称之为患者组织。很多药企设立了专门的职能负责和患者组织对接并开展合作，很多行业会议上设置了患者参与的话题或讨论，出现了患者组织的身影。那究竟什么是患者组织？他们是如何开展工作的呢？

患者组织一词来源于欧美社会广泛存在的 patient organization，直译过来就是患者组织，类似的还有 patient group（患者团体）、patient community（患者社群）、patient advocacy group（患者倡导团体）等。为了叙述方便，本书统一用"患者组织"统称以上几种或更多类似的组织形式。根据欧盟药品管理局（European Medicines Agency，EMA）的定义——患者组织是以患者为中心的非营利性组织。在这些组织中，患者和（或）护理人员（后者是指患者不能代表自己的情况下）在管理组织时代表了组织的大多数成员[6]。非营利性组织是独立于政府（第一部门）和企业（第二部门）之外的第三部门，一般在民政部门注册登记，是一类不以市场化为营利目的为宗旨的组织。

国际上，患者组织出现于 20 世纪中后期。得益于政府的鼓励和支持，20 世纪 70—90 年代涌现了一大批患者团体和倡导组织，逐步参与到政府决策沟通中。其产生的背景包括医疗健康服务不能适应医学模式的转变，未能提供生物—心理—社会三维立体服务；医患信息不对称；社会福利系统存在缺陷；未消除社会歧视[7]。早期具有代表性的患者行动主要与癌症有关，如1944 年，有一个家庭为纪念过世的儿子，成立了白血病和淋巴瘤协会；1980 年初，伴随着艾滋病的传播，出现了各种相关的患者团体并参与到与公共卫生和药物研发相关的倡导活动中[8]。

我国的患者组织起步比较晚，很多草根形式的民间患者组织很难追溯其具体形成年代。20 世纪末 21 世纪初，由于网络的兴起，患者跨越了地域的限制，利用 QQ、网络论坛（bulletin board system，BBS）等早期社交平台建立起病友群和病友社区，一些知识储备比较丰富的病友主动承担起了疾病科普的义务，帮助病友正确认识疾病，树立康复信心。而更多的患者则通过网络找到了同病相怜的病友，和全国各地的病友进行信息共享、经验交流、心理互助等。随着社会的发展进步，医疗卫生制度的不断完善，卫生政策环境对社会组织的包容与支持，一些早期的病友群体逐步从松散模式向组织化规模化发展演变，开始系统地开展服务患者的各项工作，而后期建立的患者组织则在此基础上依托不断释放的利好政策从一开始就以职业化的方式进行运作。

目前国内患者组织已经形成了多元化发展态势，患者组织的分类和构成可以有下几种情况。

①从组织性质上来看，既有非营利或公益组织性质的，包括基金会、社团、民办非企业单位，也有企业性质的，主要是以数字化运营为主的患者社群。还有一些非正式成立的患者团体，它们早期多挂靠于成熟的组织开展工作，根据发展情况有可能独立运作。

②从业务模式上来看，很多单病种的患者组织专注特定疾病领域需求，采取垂直运营模式，提供针对该领域的深度信息和相关服务，包括普及疾病相关知识、分享领域前沿资讯、搭建医患沟通渠道、树立患者榜样等，同时也和利益相关方合作以解决患者诊疗过程中的特定问题。而关注某一类疾病或多病种的患者组织，多采用平台运营模式，以公众宣传和倡导为己任，通过联结各方资源、孵化赋能来推动和促进疾病领域的发展。

③从开展工作的主要渠道上来看，有以线下面对面形式为主的，如以医院科室为单位组织发起的病友群、各地方上的病友俱乐部、康复团体等，也有以线上平台为主要渠道的数字化患者社群，通过微信公众号、小程序、微信群、APP等形成数字化矩阵，提供更多讯息交流和交互方式。这类社群因其便捷性能覆盖更广泛的人群，在信息的传递、知识的普及，以及数据挖掘证据生成方面具有优势。

④从组织的成员构成来看，以患者、患者家属为主要工作人员的组织居多，但随着患者组织影响力的扩大、合作网络的拓展，医疗卫生专业人士、社会服务、组织运营等专业人员的加入，形成了成分和服务更加多元化的半官方半专业型的社会组织，如康复协会、卫生健康相关的基金会、联盟等。

3. 患者组织在做什么？

中国的患者组织历经二十余年的发展，已建立起多种组织形态及合作网络，积极探索与医疗单位、科研机构、制药企业、支付方、政府部门等各利益相关方的交流与合作，成为医疗卫生改革和医疗卫生事业发展中的一支重要力量，在其中发挥着积极的推动作用。患者组织基于服务患者人群的特点和需求开展多维度的患者服务，包括疾病科普、病友服务、公众宣传、药物研发合作、政策倡导推动，以及对更多初创患者组织的孵化扶持等。

其中针对病友的科普工作开展最为广泛，这也是绝大多数患者组织建立的初衷。患者如果本身不是医药相关专业或从业人员，对医学专业知识普遍知之甚少，在遭遇疾病侵袭尤其是肿瘤、罕见病等目前还存在大量未满足治疗需求的重大疾病时，常常会陷入无助迷茫的境地，导致病急乱投医甚至放弃治疗的消极做法。由于有过类似的经历，一些有诊疗经验或专业知识储备比较丰富的病友萌发了帮助更多病友走出治疗误区、寻求规范化治疗的想法，通过病友听得懂的语言传递科学的治疗理念和治疗方法，用切身经历激励患者和患者家庭积极面对疾病，树立康复信心，患者组织因此在病友中有很强的凝聚力和号召力。

除疾病科普之外，患者组织也为病友提供力所能及的服务和帮助，如协助就医、病房探访、患者救助、照护者培训，还有专门针对儿童患者的病房学校等。很多患者组织发起和组织的病友活动已经突破了传统意义上病友见面会或患者教育会的内容和形式，而是集病友交流、学术研讨、医患沟通、政策倡导、组织发展于一体，多利益相关方共同参与的生态圈交流活动。如国内脊髓性肌萎缩症（spinal muscular atrophy，SMA）领域两年一度的 SMA 大会、淋巴瘤病友大会、罕见病高峰论坛、罕见病交流合作会等。同时，我们也看到一些医学专业学术会议中开设了面向医患双方的分论坛，如中华医学会第十七次全国血液学学术会议上设立的医学人文专场，就是由患者组织淋巴瘤之家组织开展的。患者组织在临床专家和广大病友间起到了沟通桥梁的作用，促进了疾病诊疗知识的普及和医患关系的改善，是诊疗路径中非常重要的支持力量。

在针对患者的疾病科普和病友服务之外，提高全社会对疾病的关注也是患者组织的重要使命。大众对疾病的认知和理解可以促进社会各界对患者群体的支持，包括对诊疗的投入、对患者个体和群体的资金支持、呼吁消除偏见和歧视、完善上学就业保障等。患者组织通过患者故事传播、疾病关爱日宣传、主题活动和其他机构平台包括媒体开展合作等方式来进行社会公众层面的宣传倡导。

刚刚提到，如肿瘤、罕见病这些重大疾病，目前还存在大量未满足的治疗需求，仅仅提高患者对疾病的认知，以及公众对患病群体的关注是远远不够的，有药可医、有药可及才是患者最迫切也是最基本的需求。患者组织通过持续的沟通参与使得药物开发者能够明确患者的需求和研发重点，确保药物的开发能为患者带来获益。在研发过程中患者组织可以帮助提升患者对临床研究的认知、推荐潜在合适患者入组，以及和专业机构合作开展疾病自然史研究等。患者组织协助的价值不仅仅体现在对临床研究的推进方面，也体现在企业因临床研究而与患者组织建立起的合作伙伴关系，这种互信合作在药物上市后将继续发挥着影响力。除了和企业的合作，患者组织还积极寻求与药监、医保等政府决策部门，以及支付方的沟通机会，充分表达患者群体诉求，利用真实世界证据如患者生存调研报告等客观地反映患者群体的诊疗现状、经济负担等，为决策者提供决策依据。

患者组织工作的深入开展，影响力的逐步扩大，也鼓舞了更多初创组织长期发展的决心。已经具备一定规模和成熟度的组织因此开展了对小组织的孵化扶持工作，通过帮助建立工作体系、流程，培养核心工作人员和志愿者，提供培训学习机会，搭建工作平台网络、资源共享等方式提高小组织的独立运作能力，不断提升患者组织在医疗卫生生态圈的话语权和影响力。

（二）患者参与的卫生政策环境

患者参与的效果不仅取决于患者组织自身的能力、合作方的理念，也有赖于相应政策环境的支持和保障。国际上，美国食品药品监督管理局（Food and Drug Administration，FDA）和 EMA 开展患者参与工作已经有较长时间的历史。FDA 明确定义了患者参与是指患者作为利益相关方参与的活动，以分享他们的经验、观点、需求，以及优先级，从而为 FDA 的公共卫生使命提供信息。这些活动可能包括但不限于：在咨询委员会上作证、针对待决议的政策法规提出意见；开展有患者、FDA 及其他利益相关方共同参加的会议；社交媒体上的互动，以及与患者代表或患者倡导者的互动或信息往来 [9]。虽然我国的患者组织起步晚，组织水平参差不齐，但这些年患者组织的发展和成就引起了相关方的关注和重视，各部门出台了一系列以患者为中心的指导原则或工作方法。患者组织通过参与和主动创造与利益相关方沟通的机会，反映患者群体现状，并提出有建设性的方法和建议，同时，也在更高层面和利益相关方尤其是政策制定者推动政策的优化和改革，进而参与到整个医疗卫生生态圈大环境的共建中。

中国的医疗卫生环境在过去的十年里发生了巨大的变化，党和国家出台了一系列落实健康中国规划的政策文件。健康成为现代化和现代文明的标志，国家的保障体系也正在从医疗保障向健康保障发展。例如，2016 年中共中央　国务院印发《"健康中国 2030"规划纲要》；2017 年的中国共产党第十九次全国代表大会报告中提出了"实施健康中国战略"的号召；2021 年 3 月 11 日，第十三届全国人民代表大会第四次会议关于国民经济和社会发展第十四个五年规划和 2035 年远景目标纲要的决议；2022 年 5 月，国务院办公厅印发《"十四五"国民健康规划》，其中基本原则第一条指出：健康优先，共建共享。加快构建保障人民健康优先发展的制度体系，推动把健康融入所有政策，形成有利于健康的生活方式、生产方式，完善政府、社会、个人共同行动的体制机制，形成共建、共治、共享格局。

《"健康中国 2030"规划纲要》明确了推进健康中国建设的宏伟蓝图和行动纲领，以期从国家战略层面统筹解决关系健康的重大和长远问题。提出共建共享是建设健康中国的基本路径，要促进全社会广泛参与，强化跨部门协作。其中与药物相关的规划包括健全以基本医疗保障为主体、其他多种形式补充保险和商业健康保险为补充的多层次医疗保障体系；完善国家药物政策：保障儿童用药，完善罕见病用药保障政策，建立以基本药物为重点的临床综合评价体系；加强医药技术创新等。

2016 年 8 月，中共中央办公厅　国务院办公厅印发的《关于改革社会组织管理制度促进社会组织健康有序发展的意见》指出："以社会团体、基金会和社会服务机构为主体组成的社会组织，是我国社会主义现代化建设的重要力量。党中央、国务院历来高度重视社会组织工作，改革开放以来，在各级党委和政府的重视和支持下，我国社会组织不断发展，在促进经济发展、繁荣社会事业、创新社会治理、扩大对外交往等方面发挥了积极作用 [10]。"随后，各地方政府陆续制定了《关于改革社会组织管理制度促进社会组织健康有序发展的实施意见》，为社会组织的发展建设进一步提供了具体保障措施。

2019 年 8 月 26 日，新修订的《中华人民共和国药品管理法》经第十三届全国人民代表大会常务委员会第十二次会议通过，其中指出："国家支持以临床价值为导向、对人的疾病具有明确或者特殊疗效的药物创新，鼓励具有新的治疗机理、治疗严重危及生命的疾病或者罕见病、对人体具有多靶向系统性调节干预功能等的新药研制，推动药品技术进步。"并对同情用药和附条件批准等关系重大疾病的药物使用和审批制度做了规定。

由于药物最终用于人体的特殊性，其在整个开发应用过程中受到的监管和政策约束也是全方位且极其严格的，围绕着药物的各项保障工作也需要科学的论证和合理的评估。政策的制定和实施是保障各项工作有序开展的前提和基础，政策在很大程度上决定了新药的引进和开发、上市的速度，以及准入的力度。同样，在药物开发和应用过程中患者参与的形式和内容也受到政策的保障与约束，来自患者的观点、诉求同样需要客观、科学及综合的评估。了解医药卫生相关政策和政府工作的优先级，并将其与自身的工作重点结合起来，对于企业和患者组织来说都很重要。同时，行业和政府之间更加紧密的沟通也是不断完善政策的有效方式。以下就围绕与药物全生命周期相关的几个关键部门来说明与"患者参与"相关及"以患者为中心"的系列举措。

1. 国家卫生健康委员会

国家卫生健康委员会（以下简称"卫健委"）作为国务院组成部门，贯彻落实党中央关于卫生健康工作的方针政策和决策部署，主要职责包括：组织拟订国民健康政策、统筹规划卫生健康资源配置。协调推进深化医药卫生体制改革。组织制定国家药物政策和国家基本药物制度，开展药品使用监测、临床综合评价和短缺药品预警，提出国家基本药物价格政策的建议，参与制定国家药典等[11]。2019 年卫健委公布了《国务院关于实施健康中国行动的意见》《国务院办公厅关于印发健康中国行动组织实施和考核方案的通知》《健康中国行动（2019—2030 年）》3 个文件，组成了健康中国行动的系列文件，为《"健康中国 2030"规划纲要》制定了具体实施方案。

2019 年第二届中国卫生技术评估大会上，卫健委副主任王贺胜表示，卫生技术评估（Health Technology Assessment，HTA）作为国际通用的决策工具，通过科学可靠的证据分析和全面系统的评估，可为科学决策提供依据，是推动实施健康中国战略的必然选择[12]。2022 年 6 月，挂靠于"国家卫生健康委卫生发展研究中心"的国家药物和卫生技术综合评估中心同有关单位制定了《心血管病药品临床综合评价技术指南（2022 年版 试行）》《抗肿瘤药品临床综合评价技术指南（2022 年版 试行）》《儿童药品临床综合评价技术指南（2022 年版 试行）》。其中指出，开展临床综合评价的第一步是建立专家组，专家构成需突出多学科特点，主要包含卫生政策、医疗保险、卫生经济、卫生技术评估、卫生统计、临床医务人员、临床药师、行政管理人员、患者[13]。我们看到在这些文件中，明确提出了患者代表需作为专家组成员和各方专业人士对药物进行综合价值判断，为患者的直接参与提供了政策保障。

2. NMPA

NMPA 的主要职责包括：负责药品、医疗器械和化妆品注册管理；制定注册管理制度，严格上市审评审批，完善审评审批服务便利化措施，并组织实施；负责药品、医疗器械和化妆品上市后风险管理；组织开展药品不良反应、医疗器械不良事件和化妆品不良反应的监测、评价和处置工作；依法承担药品、医疗器械和化妆品安全应急管理工作等[14]。从药品开始研发到上市后大规模应用于患者，药监部门自始至终对药物的各项指标性能进行着严格的监督管理，保障药品使用的有效性和安全性，同时也负责根据监管现状和包括患者在内的广大民众的需求不断制定和优化监管政策。

近十年来中国密切关注成熟监管机构的管理模式，并对自身的监管框架进行了相应的改革。自 2017 年中国加入国际人用药品注册技术协调会（The International Council for Harmonisation of Technical Requirements for Pharmaceuticals for Human Use, ICH）后，NMPA 出台了一系列监管政策以促进中国的药监体系与国际标准一致。为了适应不断增长的药物需求并跟上中国制药领域的快速发展，中国在过去十年中推行实施了 3 个加速审批路径，包括优先审评（2017年）、突破性疗法认定（2020 年）、附条件批准（2020 年）[15]。药监机制的改革和加速审评路径的实施，解决了部分仍存在大量未满足需求的疾病治疗问题。在这个过程中，患者组织通过持续的发声倡导，提高了大众对特殊疾病群体的关注和理解，得到了有关部门的重视。同时，药监部门也在不断优化注册审评机制，引入科学监管理念，主要体现在以下几个方面。

① NMPA 2020 年第 1 号通告《真实世界证据支持药物研发与审评的指导原则（试行）》就为真实世界证据在新药注册时提供有效性和安全性证据等应用提出了若干指导意见。真实世界数据的常见来源包括但不限于：卫生信息系统（Hospital Information System, HIS）、医保系统等，也包括疾病登记系统、队列数据库、患者报告结局、可穿戴设备等[16]。在"国九条"政策引领下应运而生

的海南博鳌乐城国际医疗旅游先行区（简称"乐城先行区"）成为许多国际创新药进入中国的门户，解决了部分患者无药可医的问题。在乐城先行区药物使用过程中积累的数据也可作为真实世界数据，作为在中国注册申请的依据。

②2021年9月CDE发布的《患者报告结局在药物临床研究中应用的指导原则（征求意见稿）》对在临床试验中引入患者报告结局做出了具体指导，鼓励以患者为中心的新药研发理念，从更多维度评价药品的风险获益，合理使用患者报告结局作为终点指标。其中指出：患者报告结局（patient-reported outcome，PRO）是临床结局的形式之一，在药物注册临床研究中得到越来越广泛的使用，另外，随着以患者为中心的药物研发理念和实践的不断发展，在药物全生命周期中获取患者体验数据并将其有效地融入药物的研发和评价中日益受到重视。该指导原则旨在阐明PRO的定义及在药物注册研究中的适用范围。当申请人计划采用PRO/电子化患者报告结局（electronic patient-reported outcome，ePRO）作为确证性研究主要或关键次要终点时，应与监管机构及时沟通[17]。

③2021年11月，CDE出台《以临床价值为导向的抗肿瘤药物临床研发指导原则》，该指导原则从患者需求的角度出发，对抗肿瘤药物的临床研发提出建议，以期指导申请人在研发过程中，落实以临床价值为导向，以患者为核心的研发理念[18]。

④2022年4月11日CDE发布公开征求《双特异性抗体类抗肿瘤药物临床研发技术指导原则》，对2021年7月发布的《以临床价值为导向的抗肿瘤药物临床研发指导原则》做出了进一步细化，这一指导原则旨在激励中国医药的原始创新，减少新药在靶点、适应证方面的聚集性，避免重复研发、资金与患者资源的浪费[19]。

⑤2022年5月9日，为贯彻实施新制修订的《中华人民共和国药品管理法》《中华人民共和国疫苗管理法》，进一步加强药品监督管理，保障人民用药安全，促进药品行业高质量发展，NMPA发布《中华人民共和国药品管理法实施条例（修订草案征求意见稿）》，向社会公开征求意见。

⑥2022年7月6日CDE在其官网上发布《组织患者参与药物研发的一般考虑指导原则（征求意见稿）》，并面向各界开放1个月的意见反馈期，同年11月25日发布试行通告。紧接着，8月9日，又连续发布关于公开征求《以患

者为中心的临床试验实施技术指导原则（征求意见稿）》《以患者为中心的临床试验设计技术指导原则（征求意见稿）》《以患者为中心的临床试验获益 – 风险评估技术指导原则（征求意见稿）》意见的通知，这些指导原则的陆续发布，反映了国内药监体系在各方面与国际接轨，不断发展和落实以患者为中心，以临床价值为导向的科学监管策略。

⑦ 2022 年 12 月 21 日 CDE 在其官网上发布关于公开征求《罕见疾病药物开发中疾病自然史研究指导原则》意见的通知。在药物研发方面，疾病自然史研究有助于全面和深入理解疾病发展的全过程，精准识别疾病发展中敏感且重要的变化因素，在新药研发各个阶段和环节发挥重要作用。疾病自然史研究可以由药物研发企业发起，也可以由研究者或者患者组织等发起。在疾病自然史研究的实施过程中，鼓励寻求特定疾病患者组织的协助，鼓励患者群体的参与。患者持续参与研究可确保随访数据的稳健性，并可以提供来自患者视角的观点（例如，如何减少患者和家庭的负担、提升研究可接受性等）。此外，对退出研究或选择不完全参与的受试者进行访谈，也将有助于减少数据缺失，提高研究质量。得益于独特视角，患者的参与还有助于研究的设计和执行[20]。

附：

FDA 和 EMA 的患者参与工作框架

FDA 自 20 世纪 80 年代末开始开展患者参与，至今已经形成相当规范的患者参与模式。FDA 认为，患者的经验可以帮助他们从药物早期研发到后期获批的整个过程中都能充分了解患者的健康状况，因此在其工作的各个阶段各个方面开展了与患者和公众的互动活动，包括：① FDA 主导的 PFDD，会议，是一种系统获得患者对特定疾病及其治疗观点的公开会议。②外部主导的 PFDD 会议，以 FDA 主导的 PFDD 会议流程为模版，患者组织通过会议确定并组织开展以患者为中心的合作，以生成对某些疾病领域的见解。③国家罕见病组织（National Organization for Rare Disorders，NORD）谅解备忘录试点倾听会议，是针对罕见病的试点倾听会议，用以告知 FDA 工作人员有关罕见疾病的信息和治疗负担。④患者参与协作（patient engagement collaborative，PEC），是一个讨论和分享有关患者参与医疗产品开发和监管讨论经验的论坛。⑤患者参与咨询委员会（Patient Engagement Advisory Committee，PEAC），在公共咨询委员会会议上就与医疗设备、设备的监管和患者使用有关的复杂问题向委员会成员或其指定人员提供咨询意见。⑥患者代表项目（patient representative program，PRP），FDA 患者代表项目是该机构的主打项目，该项目使得患者和护理人员有机会为该机构监管医疗产品（药物、生物制剂和设备）提供关键建议[21]。

2012 年，FDA 建立 PFDD 机制，它是一种系统的方法，以确保获得患者的经验、观点、需求和优先事项，并有效整合进药物的开发和评估过程中。作为和疾病共存方面的专家，患者在帮助机构了解药物开发和评估相关的治疗背景方面占据了独特的位置。PFDD 会议是 FDA 公开会议中一种独特的形式，旨在吸引患者参与并发表他们对两个主题的观点：疾病最显著的症状和病情对日常生活的影响，以及目前的治疗方法。2012—2017 年，FDA 在《处方药使用者付费法案》（Prescription Drug User Fee Act）第五次授权下，召开了 24 次特定疾病的 PFDD 会议，为主要利益相关方（包括 FDA、患者倡导者、研究人员、药物开发人员、医疗保健提供者等）提供了倾听患者声音的机会，包括但不限于对患者来说最重要的体验、患者对有效治疗获益的看法，以及患者希望如何参与药物开发的过程[22]。

2017 年 FDA 发布了 PFDD 指导原则的制订计划，共发布 4 项指南：①收集全面和有代表性的意见。②确定对患者最重要的事项方法。③选择、开发或修改符合目的的临床结局评估方法。④将临床结局评估纳入监管决策的终点[23]。

EMA 自 1995 年成立开始就逐步开展和患者群体间的一系列互动，2000 年患者代表成为委员会委员，2005 年制定与患者及其组织互动的工作框架，2006 年成立患者与消费者工作组（patient&consumer working party，PCWP），2014 年成立公众参与部门，这一系列举措使得 EMA 在药物全生命周期的监管中能系统地听取患者的声音。其中与患者、消费者及其组织之间的合作框架旨在帮助获得患者在疾病中生活的真实体验、疾病管理和目前药物的使用情况，作为评估过程中科学证据的补充；促进基于证据的患者经验数据的生成、收集和使用，以用于利益－风险决策；加强患者和消费者对药品监管及其在这一过程中作用的了解；有助于与患者和消费者进行有效和有针对性的沟通，支持他们在安全合理使用药物方面发挥作用，并促进对欧盟药品监管网络的信任。目前患者可参与 EMA 的工作包括担任管理委员会成员；担任科学委员会的成员；就科学委员会和工作组提出的具体疾病相关请求提供咨询；参与关于药物开发和批准的讨论；审查该机构编写的药物书面资料；参与指南的准备工作；参加该机构的会议和研讨会。EMA 每两年会结合定量和定性数据发布一次关于其与患者、消费者、医疗保健专业人员、学术界及其组织的互动报告[24]。

3. 国家医疗保障局

国家医疗保障局负责制定医疗保障制度相关政策并组织实施，制定医保目录准入谈判规则（医保药品目录动态调整）并组织实施，制定药品、医用耗材的招标采购政策并监督实施，推进医疗保障基金支付方式改革，建立医保支付医药服务价格合理确定和动态调整机制，推动建立市场主导的社会医药服务价格形成机制等[25]。

虽然药品在临床上的使用主要取决于其适应证和安全性考量，但对于患者来说，能否真正用上药，则取决于药物的可及性。在全面深化医疗保障制度改革的大背景下，如何保障每个人都能够及时地享受到医疗服务，努力做到"一个都不能少"，需要对资源进行合理分配，最大化服务的医疗价值和社会价值。一般来说，基本保障属于政府的基本公共服务范畴，由政府及其所属事业单位直接提供，或者由政府主导、相关机构提供。而补充性保障则由各种企业或社会组织提供，可以是营利性的，也可以是非营利性的。前者如保险公司、金融机构等，后者如基层自治组织、行业协会等。我们通常所说的多层次社会保障体系，是指在基本保障基础之上，再加上补充性保障，从而构成一个完整的风险保障体系。在这一体系中，社会成员人人享有基本保障，以实现社会公平为目标，这里强调的是"保基本"意义下的结果公平[26]。在"国谈"常态化的基础上，政府开始探索按疾病诊断相关分组（diagnosis related groups，DRG）付费和按病种分值付费（diagnosis-intervention packet，DIP）两种新型付费模式以克服当前支付模式的弊端，为参保群众提供健康所需要的最适宜服务。

多层次保障方案的决策有赖于充分的数据支持和基于药物经济学的科学分析，药物经济学的常见研究角度包括全社会角度、卫生体系角度、医疗保障支付方角度、医疗机构角度，以及患者角度等[27]。近年来，HTA 方法被引入，HTA 机构通过对药物持有人所递交的报告进行客观全面的评估，包括临床评估、药物经济学评估、社会价值评估、伦理评估等，为医保决策提供相关证据。其中，患者群体在 HTA 中的参与受到被评估方的关注[8]。除对具体药物的评估和决策外，卫生政策、公共卫生、卫生经济方面的专家还可以基于国民总体健康状况和各保障制度的落实情况提出医改建议，推动国家政策的优化和改善。患者组织可开展和各级医保部门的对接机制，提出诉求，提供数据帮助政府或机构做出合理的决策，参与制定 HTA 的指南和行业性规范，推动患者群体在政策层面的参与。

卫健委官网上留有网上信访和公众留言的沟通渠道，药监部门和医保部门在进行重大决策或出台重要指导原则时，一般都会在公示期内通过公开渠道收集大众反馈，患者个人或组织的反馈可能为意见征求稿提供建设性的意见和信息参考。除此之外，患者个人或组织还可以通过公开渠道向中华人民共和国全国人民代表大会和中国人民政治协商会议（以下简称"两会"）谏言，地方及全国政协代表和人民代表大会代表向两会提案，开启多方会谈，探讨解决方案。

（三）药物全生命周期中各阶段的患者参与

通过对全球患者参与案例的收集和整理，同时结合目前我国患者组织在药物监管和政策倡导中的参与现状，本文梳理并总结了药物全生命周期各阶段的患者参与模式。为方便制药企业和患者组织系统地了解和学习，文章仍将以药物全生命周期为时间轴来说明各个阶段患者参与的内容、形式和意义。

1. 早期研发阶段

这一阶段，制药公司或科研机构需要了解哪些疾病领域仍存在大量未满足的治疗需求，需要了解患者对治疗结果的期待是什么，并在充分了解患者需求的前提下有针对性地进行药物开发，解决患者最迫切的问题，因此双方的沟通不仅必要且影响深远。早期开发阶段的患者参与可能为药物研发提供创新思路和独到见解，确保药物研发与患者最注重的获益相关，这也意味着解决方案更有可能为患者带来有意义的临床结局。因此，科研机构可以通过和患者群体的深入沟通来识别未满足的临床需求，对现阶段实际治疗效果进行客观评估，还可以和患者群体共同讨论药物开发的方向和重点。甚至有些患者组织具备强大的筹资能力，可以直接驱动科研机构的研发工作。

患者及其家庭对疾病的深刻理解，以及他们对有意义的治疗结局的追求对药物研发方向起着至关重要的作用。目前已上市和在研的几款罕见病脊髓性肌萎缩症药物都是由患者组织发声倡导甚至进行筹资支持药物开发的典型案例。

患者组织的积极倡导和参与为众多等待中的患者和家庭带来了希望，虽然药物开发的过程漫长而曲折，但对于一个疾病领域来说，能在治疗上实现零的突破意义非凡。

2. 临床研究阶段

临床研究能否顺利开展，能否达到预期效果，取决于合理可行的研究方案设计及便捷友好的随访和监测流程等，尤其是患者作为受试者参与的Ⅱ期和Ⅲ期试验部分。该阶段的患者参与并非指患者作为受试者使用试验药物，而是指患者组织或患者代表充分参与和研究者的沟通，包括早期的试验方案设计、入排标准设定、研究终点选择，试验开展后的招募信息传递和具有用户友好度的试验解读，协助临床试验过程中的患者沟通和管理，以及试验后期的试验结果评估、试验结束后的结果沟通等。

另外，针对临床研究的操作流程，通过患者和家属可以了解患者的意见和反馈，从而进行改善优化，如提供通俗易懂的沟通材料、采取灵活的入组方式、开通随访绿色通道、开创便捷随访模式等，这些举措都可以在一定程度上提升患者的入组率和试验依从性。

随着我国药品审评审批制度改革的推进，患者参与创新研发也逐步得到关注。比如，在临床研究终点设计上，为了节省新药研发的成本和时间，加速新药审评，提高药物可及性，替代终点作为衡量临床结局、减少临床观察时间的有效指标开始广泛应用于新药临床试验设计。这其中患者的参与可以帮助研究者和监管部门了解患者所关注的临床结局，从而设立合理的替代终点，也可以帮助研究者和监管部门筛选出更有优先意义的研究。另外，随着以患者为中心的药物研发理念和实践的不断发展，在药物全生命周期中获取患者体验数据并将其有效地融入药物的研发和评价中日益受到重视。比如，患者报告结局在临床试验中的应用，患者报告结局是指来自患者直接报告且不被他人修改或解读的对自身疾病和相应治疗感受的评估结局[17]，是患者在药物研发过程中的直接参与形式。

3. 新药申请阶段

该阶段主要工作是监管部门对所有科学数据进行审核和评定。患者群体可参与申办方部分递交材料的准备中，如患者人数预估、疾病自然史、生存质量等；监管部门可邀请患者代表开展焦点小组讨论了解患者观点和需求以支持审批决策。尤其是对于一些患病群体较小的罕见病（包括罕见肿瘤），患者组织通过数据陈述患者群体生存现状和对药物的迫切需求来体现药物价值，争取快速审批或有条件批准上市的机会。新药持有人还可以和患者组织讨论制定药物上市后的安全监管策略。

监管部门意识到主动了解患者需求和反馈是帮助其进行科学监管和合理决策的重要参考依据，近年来对此进行了积极探索和大胆创新。2022 年 11 月 25 日CDE 发布的《组织患者参与药物研发的一般考虑指导原则（试行）》，对申办方开展患者参与的原则、不同阶段的参与目的、组织形式，以及申办方人员配备和培训等都提出了具体的指导意见，制药企业可依据该文件系统地开展研发阶段的患者参与。

4. 市场准入阶段

药品获批上市后在准入工作的推进方面，制药企业可通过患者组织了解患者群体现状以帮助制定定价策略，通过对患者人群的分布和诊疗路径分析，制订合理的渠道准入计划。支付方面，国内医保准入已经由过去的经验决策转向证据决策，谈判机制常态化，本土证据和真实世界证据的价值日益凸显，通过和患者组织合作产生的数据和证据成为企业提交医保专家组评估材料的重要组成部分，以支持基于价值的卫生技术评估。补充保障方面包括商业保险、地方保障项目，如城市定制型商业医疗保险（惠民保）、慈善救助项目、特药及罕见病用药政策等，这些都需要通过对患者保障现状进行全面客观的分析来进行分析测算，以制定合理的赔付保障方案，完善多层次保障体系。

5. 临床应用阶段

这一阶段的患者参与既往多为患者被动地参与制药企业发起的各种"患者教育"活动或项目，接受疾病诊疗相关的知识、信息和服务，这些活动和项目以提升患者的疾病认知和治疗依从性为主要目的。随着信息化的发展，这些患者教育活动或项目不再局限于线下小规模的互动形式，线上形式不仅能提高患者的覆盖面，而且操作更加灵活且更具有针对性。基于大量的个体参与，这些患者教育项目不仅能向患者输出，也能汇集患者群体的大数据以进行分析统计。

随着患者组织的兴起和发展，制药企业和患者组织合作，通过患者组织已有平台和一定规模的患者群体，实现关于疾病领域和治疗方法关键信息的高效传递和广阔覆盖。同时，通过患者组织来集中快速获取患者群体对药物治疗的反馈和进一步的需求，以帮助企业进行策略的制定或调整。企业还可以和患者组织合作开展监管部门要求的上市后临床研究，通过有影响力的患者组织开展针对大众的科普宣传活动，通过真实案例提升大众对疾病的认知和警惕，加强预防，提高早筛、早诊、早治意识。除此之外，患者使用药物的疗效数据可能为适应证拓展提供真实世界证据，对安全性的进一步监测则保障了广泛人群的用药安全。

由上述可知，在药物全生命周期中，患者参与涉及方方面面，而且越早开展患者参与，对药物开发的影响就越大。根据《经济学人》报道的数据显示，大多数创新的临床试验方法提高了试验效率，但因创新类型和治疗领域而有所不同。在神经学、肿瘤和罕见病 3 个治疗领域中，以患者为中心的试验招募100 名参与者的时间为 4 个月，短于所有试验的基准时间 7 个月。以患者为中心的试验特点可能更有效地吸引患者参与。同时，使用创新的临床研究方法进行的新药试验更有可能获批上市。数据最引人注目之处是，4 项选定的创新方法（适配性、以患者为中心、精准医疗和真实世界数据研究）都提高了药物上市的机会。与未使用这些创新技术开发的药物相比，使用选定创新技术开发的药物在 Ⅱ 期和 Ⅲ 期上市的可能性提高了 10% ～ 20%，其中以患者为中心的试验提高了 19%。这里以患者为中心的试验指的是专门围绕患者需求设计的试验，包括采用患者自报结局或与患者共同设计的试验。同时，采用创新的试验方法，也提高了试验效率[28]。

（四）患者参与的形式

药物全生命周期中的患者参与按照参与的形式大致可分为直接参与和间接参与两种。

①直接参与：是指患者组织或个人在主动或知情的情况下向利益相关方表达观点、反馈需求、提出建议等，可以是面对面的互动沟通，如患者座谈会、患者顾问委员会会议、焦点小组讨论、患者深访、患者参加企业策略讨论等，也可以是通过某种渠道和利益相关方直接沟通，如信访、提案、意见反馈、媒体发声等。

②间接参与：一般是指患者通过参加调研或真实世界研究来表达观点或提供数据。市场调研是既往企业收集患者反馈的主要途径，通过一定样本的定量分析，以及更具深度的定性分析，获取患者观点和需求，但这样的信息反馈通常是二手的，甚至三手的，在来回的信息传递中，问题及回答的本意都打了折扣，调研的结果往往流于形式，无法产生能真正指导策略制定的患者洞见。企业开始探索创新的方式来洞察患者需求，患者组织也逐渐参与其中发挥作用。

信息时代，人们乐于用社交媒体分享体验，表达观点和看法，数字化医疗也开始走入患者的日常生活，患者通过智能应用进行问诊、随访、购药等。患者在网络平台的交互信息反映着其对疾病的认知、对治疗的需求，以及对医疗服务的评价等。社交聆听通过数据抓取和分析技术在海量的网络数据中实时获取更丰富更真实的用户洞见，了解用户偏好，以及相关方之间的关联和相互影响。这也是患者间接参与的一种方式，这种参与不仅覆盖了患者、患者家属，也覆盖了大众群体中的潜在患者，这些真实的、实时的、丰富的患者洞见可以帮助企业做出更好的分析和预判。

无论是直接参与还是间接参与，制药企业都需要根据当前业务需求有针对性地找到合适的患者或患者组织。比如，在对开发或引进某种药物进行决策时，企业为了解患者群体未满足的诊疗需求、对新治疗方法的期待，以及个体患者的深度反馈，可以邀请患者组织负责人和典型患者代表开展焦点小组讨论；又比如，企业想要了解药物上市后患者在使用药物时的真实体验，可以通过患者支持项目或和第三方合作开展患者随访项目进行跟进，也可以通过患者座谈会了解针对特定话题的深度反馈。总之，制药企业通过直接或间接的患者参与可以挖掘患者洞见，定义患者获益，明确什么是患者真正关心的临床结局，找到市场预期与实际市场反应之间的差距，通过分析问题和机会为策略制定和调整提供客观依据。

无论是企业发起的患者参与还是患者组织及个人主动发起的患者参与，都需要保证参与的客观性和持续性。患者参与是一个有内容、有结果、有反馈的过程，并不仅仅是一次活动或一份报告。根据患者参与的方式、程度及影响力，可以将患者参与分为4个层面：①简单的患者信息获取。②与患者的双向沟通对话。③患者主动参与、提供建议、共同设计。④真正意义上的合作关系。虽然我们离真正意义上的合作关系还有一定的距离，但我们看到近年来企业、患者组织，以及利益相关方都在积极探索多方参与和合作，在对患者参与这项工作的认知上越来越趋于一致。

（五）患者参与的能力和要求

药物全生命周期中系统的患者参与有赖于药企和患者组织双方对患者参与的理解和认同，以及患者组织能力与患者参与需求的匹配。虽然中国的患者组织起步比较晚，但经过近二十年的发展，一些初期的松散型组织、QQ群和BBS逐渐向独立规范的组织演变，以及到后来，出现更多一开始便以社会组织身份创立的患者组织。今天，它们中的一些已经发展成为相对成熟的专业化组织，能为患者提供系统的服务，解决患者的实际问题，在医疗卫生生态圈，以及国际患者组织中都具有一定的影响力，如淋巴瘤之家、蔻德罕见病中心、病痛挑战基金会、新阳光慈善基金会等。

与此同时，制药企业对患者参与的认识也在逐步提高，一些跨国药企基于总部及欧美分公司多年在患者参与工作上的实践，率先在中国开展和患者组织的合作，设立相应的岗位、团队甚至部门，推动了更多国际和本土公司在患者参与上的探索和尝试。今天很多药企已经建立和患者组织的联系并开展合作，但是由于种种原因这些工作还没有形成一套完善的体系，患者组织或患者代表也缺乏相应的能力和经验。在本书第五章我们将对目前国内部分制药企业的患者参与工作现状进行介绍，这里我们主要介绍影响患者组织自身发展的成功要素。

澳大利亚罕见肿瘤患者组织编写的 *RCA SUMMIT PROGRAM PLAYBOOK* 一书中指出：患者组织在资源有限的情况下非常努力地帮助着患者并取得了了不起的成就，然而患者需求的紧迫性与有限资源之间的矛盾往往会导致一种恶性循环，即患者组织只能关注眼前的紧急问题，而且总是在紧急问题出现时被动应对，称为"灭火"。领导者和团队被动地从一个紧急任务进入到另一个紧急任务，几乎没有时间去提前计划。我们认为存在一个大家都渴望达到的"临界点"。当一个组织能够达到一定的稳定水平并可持续地运作时，这一点就会出现。

澳大利亚罕见肿瘤患者组织通过多年的自身实践及对诸多患者组织发展的研究，总结了有关运行一个成功高效的患者组织最重要的八大成功要素或八大支柱，包括：①策略、重点和计划。②领导力和管理。③筹资和财务可持续性。④持续成长发展。⑤和利益相关方的关系建立。⑥强大的工作人员和志愿者。⑦传播和公共关系。⑧品牌与声誉。这8个成功要素覆盖了患者组织进行专业化运作、为患者解决实际问题，并且可持续发展的几个重要方面。而且他们强调，这八大要素之间是相互联系的，不能在没有彼此的情况下独立运作。例如，如果没有一个成熟的品牌和（或）明确的战略方向，就很难成功融资。这八个支柱的中心仍然是患者，无论患者组织的目标是什么，都要关注对特定疾病领域研究的投入，帮助患者获得新的治疗方法。

国内很多患者组织由于成立时间不长、工作人员短缺、缺乏资金和专业管理等，仍步履维艰甚至在要不要继续做下去的生存线上徘徊。只有极少数患者组织实现了持续的成长发展，但在某些方面仍存在不足，如筹资和财务可持续性、与利益相关方的关系建立、传播和公共关系等。不同患者组织面临的挑战不同，究其原因，很重要的一点并且是绝大多数患者组织都面临的问题是，患者组织的发起大多是因为患病的经历和服务患者的初心，一些组织领导者和工作人员可能因为患病并没有工作经验，很多运营组织的经验都是在实际工作中一点一滴积累起来的，非常实用但也非常耗时。发展的缓慢、资金的匮乏，使得患者组织很难吸引专业的运营人员，作坊式的工作方式仍是大多数初级患者组织的运营状态。然而由于制药行业对患者参与的关注，很多患者组织从过去被患者的需求推动，到现在在被企业的需求推动，逐步开启了专业化发展道路。所以需要找到企业和患者组织双方需求的共同点和合作切入点，如新药研发或者医保准入，以解决患者实际问题为目标开展合作，在合作中赋能彼此。

一些成熟的患者组织尤其是伞型的患者组织（是指由多个机构组成的团体，成员间互相协调行动共享资源）也在积极开展组织内部的学习赋能，使得患者组织的建设、管理和发展更加系统化、科学化，并尝试像经营企业一样去经营组织，以顺应不断增长的合作需求。同时企业也知道要解决患者的问题，单靠一方力量是远远不够的，打造以患者为中心的创新生态圈需要合作共创，因此，企业也借助自身优势赋能患者组织，支持患者组织能力提升，助力患者组织在生态圈中的影响力和话语权，提高患者参与的效率和效果，通过合作实现患者获益。

参考文献

[1]　峰瑞资本 FreeS. 药物发展简史：从柳树皮到上帝的手术刀 [EB/OL].（2020–06–10）[2022–05–23]. https://baijiahao.baidu.com/s?id=1669096935374902866&wfr=sp

ider&for=pc.

[2] DUXIN SUN，WEI GAO，HONGXIANG HU，et al.Why 90% of clinical drug development fails and how to improve it?[J].Acta Pharm Sin B，2022，12（7）：3049-3062.

[3] 国家药品监督管理局.国家药监局关于发布《突破性治疗药物审评工作程序（试行）》等三个文件的公告（2020年第82号）[EB/OL].（2020-07-08）[2023-03-27]. https://www.nmpa.gov.cn/yaopin/ypggtg/ypqtgg/20200708151701834.html.

[4] 宣建伟.药物市场准入——从理论到实践[M].上海：复旦大学出版社，2015：6.

[5] 国家药品监督管理局药品审评中心.关于公开征求《组织患者参与药物研发的一般考虑指导原则（征求意见稿）》意见的通知[EB/OL].（2022-07-06）[2022-08-12].https://www.cde.org.cn/main/news/viewInfoCommon/2981a587ba89aa3368130ac1565fb04f.

[6] European Medicines Agency.Engagement Framework：EMA and patients，consumers and their organisations[EB/OL].（2022-01-20）[2022-05-23]. https://www.ema.europa.eu/en/documents/other/engagement-framework-european-medicines-agency-patients-consumers-their-organisations_en.pdf.

[7] 患者组织发展任重道远.齐文安，肖月，整理.英国医学杂志中文版，2020，23（10）：585-588.

[8] 凯伦·M.费西，海勒·普劳格·汉森，安·N.V.森格.卫生技术评估中的患者参与[M].李俊，章璐莹，顾洪飞，主译.北京：清华大学出版社，2022.

[9] FDA.Patient-Focused Drug Development Glossary[EB/OL].（2018-06-08）[2022-05-23]. https://www.fda.gov/drugs/development-approval-process-drugs/patient-focused-drug-development-glossary.

[10] 新华社.中共中央办公厅 国务院办公厅印发《关于改革社会组织管理制度促进社会组织健康有序发展的意见》[EB/OL].（2016-08-21）[2022-08-23]. http://www.gov.cn/zhengce/2016-08/21/content_5101125.htm.

[11] 中华人民共和国国家卫生健康委员会.委领导[EB/OL].[2022-05-23].http://www.nhc.gov.cn/wjw/wld/wld.shtml.

[12] 第二届中国卫生技术评估大会召开 HTA助力决策重要性凸显[EB/OL]. （2019-11-05）[2022-05-23]. https://www.sohu.com/a/351760175_139908.

[13] 国家卫生健康委卫生发展研究中心.国家药物和卫生技术综合评估中心关于发布心血管病、抗肿瘤、儿童药品临床综合评价技术指南的通知[EB/OL]. （2022-06-29）[2022-08-12].http://www.nhei.cn/nhei/znfb/202206/c01d87a29066

4b01bf42a9dad769d69f.shtml.

[14] 国家药品监督管理局.国家药品监督管理局主要职责 [EB/OL].[2022-05-23].
https://www.nmpa.gov.cn/jggk/jgzhn/zhyzhz/index.html.

[15] 医药魔方.一文读懂 NMPA 优先审评、突破性疗法和附条件批准 [EB/OL].
（2022-02-11）[2022-05-23].https://www.pharmcube.com/index/news/article/8895.

[16] 真实世界证据支持药物研发与审评的指导原则（试行）.[EB/OL].（2020-01-07）
[2022-05-23]. https://www.cde.org.cn/zdyz/domesticinfopage?zdyzIdCODE=db4376
287cb678882a3f6c8906069582.

[17] 国家药品监督管理局药品审评中心.关于《患者报告结局在药物临床研究中
应用的指导原则（征求意见稿）》公开征求意见的通知 [EB/OL].（2021-09-03）
[2022-05-23]. https://www.cde.org.cn/zdyz/opinioninfopage?zdyzIdCODE=6e265918
9017919259bb93933a9db2bd.

[18] 国家药品监督管理局药品审评中心.国家药监局药审中心关于发布《以
临床价值为导向的抗肿瘤药物临床研发指导原则》的通告（2021 年第 46
号 ）[EB/OL].（2021-11-19）[2023-02-02].https://www.cde.org.cn/main/news/
viewInfoCommon/ef7bfde96c769308ad080bb7ab2f538e.

[19] 浩悦研究.药监局敦促减少同靶点无序竞争，鼓励原始创新 [EB/OL].（2022-
04-17）[2022-05-23].https://mp.weixin.qq.com/s/yDBbR2quI8kprMHvg3FQFw.

[20] 国家药品监督管理局药品审评中心.关于公开征求《罕见疾病药物开发中疾
病自然史研究指导原则》意见的通知 [EB/OL].（2022-12-21）[2023-02-02].
https://www.cde.org.cn/main/news/viewInfoCommon/74f7b4d7787d8dd5d2887e207e
53d55c.

[21] FDA.FDA Patient engagement overview[EB/OL].（2020-09-14）[2022-05-23].
https://www.fda.gov/patients/learn-about-fda-patient-engagement/fda-patient-
engagement-overview.

[22] FDA.FDA-led patient-focused drug development（PFDD）public meetings[EB/
OL].（2022-07-18）[2023-02-02].https://www.fda.gov/industry/prescription-
drug-user-fee-amendments/fda-led-patient-focused-drug-development-pfdd-
public-meetings.

[23] FDA.FDA Patient-focused drug development guidance series for enhancing the
incorporation of the patient's voice in medical product development and regulatory
decision making[EB/OL].（2022-02-28）[2022-05-23].https://www.fda.gov/drugs/
development-approval-process-drugs/fda-patient-focused-drug-development-

guidance-series-enhancing-incorporation-patients-voice-medical.

[24] European Medicines Agency. Patients and consumers[EB/OL].[2022-05-23].https://www.ema.europa.eu/en/partners-networks/patients-consumers.

[25] 国家医疗保障局 . 机构职能 [EB/OL].[2022-05-23]. http://www.nhsa.gov.cn/col/col16/index.html.

[26] 人民资讯 . 健全多层次社会保障体系 [EB/OL].（2021-05-13）[2022-05-23]. https://baijiahao.baidu.com/s?id=1699604580271074359&wfr=spider&for=pc.

[27] 刘国恩 . 中国药物经济学评价指南导读（2022）[M]. 北京：中国市场出版社，2022.

[28] The Economist Intelligence Unit. The Innovation imperative: the future of drug development part[EB/OL].[2023-02-02]. https://druginnovation.eiu.com/.

第二章
药物研发阶段的患者参与

一、概述

曹茜

疾病是生命的阴暗面，是一重更麻烦的公民身份。每个降临世间的人，都有双重公民身份，其一属于健康王国，另一则属于疾病王国。尽管我们都只乐于使用健康王国的护照，但是或迟或早，至少会有那么一段时间，我们每个人都不得不承认——我们也是另一王国的公民[1]。

——苏珊·桑塔格

（一）医药产业现状

过去，对于医药产业，患者仅仅意味着临床试验受试者或者制药公司产品的客户。近年来，情况发生了转变，制药公司热衷于谈论患者参与，患者参与的出版物和研讨会开始流行。如果要理解药物研发中患者参与的价值，首先需要理解推动潮流的动力，认识药物研发的现状和面临的挑战。

医药产业原本起源于染料工业，当人们发现药物行业是一个利润更丰厚的产业时，医药产业开始吸引大量投资。20世纪下半叶是药物发现的黄金时代，医学进步挽救了很多生命、改善了公众的生活质量。今天的药物发现是建立在现代科学的一点点进步上，来自一代代科学家的努力和患者的贡献。制药业也蓬勃发展，根据弗若斯特沙利文（Frost & Sullivan）统计显示，2020年全球医药市场规模为12 988亿美元，预计在2025年达到17 114亿美元[2]。

近些年医药行业的情况比较复杂，容易攻克的药物靶点都已经研发成功，将新药推上市场的道路相对困难，尤其是创新药。此外，药物研发也越来越烧钱。通常在临床试验的药品中，只有不到 10% 的试验药品能最终成功开发出药物，加上其他失败药物的成本，一个药物从想法推向市场要花费十几亿美元。制药公司要以最小的成本，快速把产品推向市场才能快速回收成本。

（二）药物安全和国家监管的风起云涌

1. 美国食品药品监督管理局的百年监管路

19 世纪末期，监管机构开始在药物研发监管中扮演关键角色。在美国，对监管的呼吁来自社会面临的食品和药物安全危机，大众意识到了立法进行监管的必要性。因此 1906 年出台了《纯净食品和药品法》（ *Pure Food and Drugs Act* ），创立了一个联邦的监管机构负责安全监管。机构在 1930 年更名为美国食品药品监督管理局（Food and Drug Administration，FDA）。

1938 年出台的《联邦食品、药品和化妆品法》（ *Federal Food，Drug and Cosmetic Act* ）在美国首次立法规定计划上市新药的药企必须向美国食品药品监督管理局证明药物的安全性。二战期间基于战争的需要，青霉素在美国成功实现了首次的大批量生产，掀开了制药业工业化的帷幕。战后美国的医药业实现了飞跃，药企的重心也转移到发现新药。战后的十年也发现了大量有效的新药物，人们的平均寿命也大幅提升。

1962 年出台的《科夫沃–哈里斯修正案》（ *Kefauver-Harris Drug Amendments* ）要求药企承担更多药物安全和有效性的举证责任。法案提出了临床研究必须满足随机双盲对照试验和试验受试者知情权的要求。同时，法案规定由美国 FDA 来制定良好生产规范（good manufacturing practice，GMP）标准，在监管中通过咨询委员会并邀请外部专家参与审评工作，美国 FDA 现在依然沿用这些规范。

在美国 FDA 和制药公司的角逐中，造就了严格的现代科学审评体系。20 世纪 60 年代后，随着科学人才资源和资本的涌入，美国制药业迎来了黄金时代。在 20 世纪一系列社会影响恶劣的药物安全事件被曝光的压力下，美国 FDA 监管体系和团队走向成熟。到 2020 年，美国 FDA 官网资料显示，机构拥有 13 亿美元以上的年预算和 18 062 名员工。

美国 FDA 对药物安全和有效性的监管要求越来越严格，意味着药企承担的责任和研发成本也显著增加。20世纪80年代后形势发生了变化，美国FDA开始遭遇来自制药业的严重挑战。制药业花几千万美元来游说政府和政党，希望FDA简化药物审批流程，而美国FDA降低审批标准导致有严重不良反应的药物上市的不合规行为也被屡屡曝光，最后大众和政府的监管和批评将机构拉回了正轨。

2. 中国药物监管发展之路

中国的药物监管是从新中国成立后逐渐起步的，相对较晚。医药监管从一开始归卫健委管辖，后来由国家经济贸易委员会、化学工业部、商务部轮流接管，目前为国务院直属。

1949年，中央人民政府卫生部成立，设立药政处负责药品监管。国家医药管理总局于1978成立，负责管理药品和医用器械制造经营。1998年，作为主管药品监督的行政执法机构，NMPA成立。NMPA实现了执法功能和技术监督的结合，开始对药物发展全过程统一监管，从此医药行业才逐渐有了自己的审评系统。2013年增加了食品监管业务后，NMPA也更名为国家食品药品监督管理总局。鉴于药物监管的独特性，2018年国家单独组建了NMPA。

这段时间里监管科学的成绩在于做了一些基础的搭建，如1984年《中华人民共和国药品管理法》的出台，首次立法对药物周期的各环节进行规范，明确了药物造假的责任，中国药品监管进入法制时代。2015年，为了解决当时大量的申请积压、药品得不到批准、数据造假的严重问题，NMPA开展药物临床试验数据自查核查，对造假进行了严厉打击。从此，掀开了中国药物监管改革的帷幕。

2017年是中国药物监管改革的里程碑。《关于深化审评审批制度改革鼓励药品医疗器械创新的意见》迈出了改革的重要一步，提出了药品监管改革的详细措施。中国药监管理部门也加入国际人用药品注册技术协调会（The International Council for Harmonisation of Technical Requirements for Pharmaceuticals for Human Use，ICH），走上监管国际化之路。为了让患者尽快用上新药，2018年，NMPA在《临床急需境外新药审评审批工作程序》中，对优先审评品种的期限进行了缩减。药品上市注册申请审评时限缩短到180日，其中临床急需的境外已上市的罕见病药品审评时限缩短到90日。同时，也明确了优先审评药品的沟通渠道、申请范围及退出机制等。2020年，新修订的《药品注册管理办法》出台，对药品注册申请给予必要的技术指导、沟通交流、优先配置资源、缩短审评时限等政策和技术支持。

中国的监管机构也开始认识到患者参与对于以临床为导向的药物创新和研发的重要性。NMPA 于 2019 年发布新的《中华人民共和国药品管理法》，2020 年出台《真实世界证据支持药物研发与审评的指导原则（试行）》，体现了监管部门对以临床价值为导向和患者视角的重视。强调药物的临床价值要回归到更充分的患者参与，这也鼓励了药企将患者参与纳入药物研发的积极性。

对这一系列监管改革的春风，制药业感到信心倍增。2021 年 7 月 8 日的国务院政策例行吹风会议上，据国家药监局药品监管司司长袁林介绍，截至 2021 年 6 月底，NMPA 批准的药品上市注册申请同比增长 103%，包括 21 个创新药和 139 个优先审评药。

（三）合力使然——患者参与的兴起

随着时代变化，推动药物研发的主要因素也在改变。20 世纪 50 年代，欧美社会大众希望世界变得更美好的愿望推动了一批新药的发现。到了 80 年代，药物研发的动力主要来自医生和患者的医疗需求和医药产业的利润诉求。多方博弈多年后，政府机构和患者组织激流勇进，开始推动新世纪的药物发现。

20 世纪 80 年代和 90 年代，欧美审批政策推动的主力军是制药公司和艾滋病患者组织的联盟。以美国为例，1993 年后药物上市的审批时间被缩减了一半 [3]。快速的审批通道对制药业和患者意味着药物能尽快走向市场和临床。

随着 20 世纪 50 年代非洲裔美国人权利运动、妇女解放运动等为代表的一系列民权平权运动的兴起，社会日益重视个人权益的保护。患者在疾病得不到重视的时候，开始抱团取暖、走上街头，他们通过影响制药公司和政策制定方来争取更好的治疗。制药公司也意识到，患者可以带来巨大的影响力和资源。

美国前总统富兰克林·罗斯福的经历能够阐释患者为医药行业带来的影响力。1937 年当罗斯福连任美国总统的时候，身为小儿麻痹症患者的他，发起了小儿麻痹症国家基金会项目。明星发起了筹款，成功号召全国每人捐 10 美分。得益于这个基金会资助的研究成果，1963 年，第一款针对小儿麻痹症疫苗研发成功后在美国开始使用，造福患者 [4]。随后，癌症和艾滋病治疗成为患者、科研机构、药企、政策制定方这些利益相关方激烈角逐的领域。

1971 年美国通过《国家癌症法案》(*National Cancer Act*)，政府投入大手笔的预算来支持癌症治疗研究，这在美国历史上是罕见的。到 2005 年美国每年对癌症研究领域的拨款已经高达 2000 亿美元，对医疗的支持成为国家的国策。在艾滋病患者寻求治疗的抗争行动中，患者开始重视和药物监管部门的沟通，1988 年美国 FDA 表示同情患者的遭遇，并决定对治疗艾滋病相关的药物授予审批快速通道，审批所需时间从 8 年缩短到 2 年。

近年来，在罕见病领域，患者意识到通过和政府沟通可以影响药物研发的选择。以美国为例，罕见病患者群体的呼吁促成了《孤儿药法案》(*The Orphan Drug Act*)的诞生。1983 年罗纳德·威尔逊·里根签署了该法案，鼓励罕见疾病的药物研发。在那之前，美国上市的药物仅有 30 多个涉足罕见疾病。目前针对罕见病的孤儿药优惠政策包括临床研究费用税收抵免、更长的专利独占期、更快速的审批通道和临床试验经费补贴。

激励措施让制药公司动力十足。自 1983 年以来，美国监管机构批准的孤儿药资格数量和孤儿药适应证数量逐年递增。截至 2020 年 4 月底，已授予孤儿药资格 5362 个，批准孤儿药适应证 864 个。仅在 2020 年的前 4 个月，已授予 138 个孤儿药资格、批准 16 个孤儿药适应证 [5]。

（四）重任在肩——患者参与药物监管

1. 欧美患者组织的探索

在患者的影响下，欧美的药物监管机构也对患者组织伸出橄榄枝，建立交流合作机制。就患者参与药物开发和监管决策提供指导和框架。患者参与的一个重要主题是各利益相关方共同创造，以确保解决方案对所有患者都有价值和意义。患者参与药物监管过程在美国和欧洲都已经有了几十年的探索经验，也形成了相对成熟的参与机制 [6]。目前患者可以通过 FDA 和 EMA 的这些渠道参与到药物研发的进程中。

首先是公开听证会。早在 1972 年美国 FDA 就开始举办药物咨询委员会，对重要问题进行公开交流。在疾病政策、安全和监管问题上，美国 FDA 在举办公开听证会方面积累了丰富的经验。在 EMA，患者可以在药物警戒和风险评估委员会的听证会上分享药物使用的经历。

其次是有患者代表参与的项目。在这个项目里，美国 FDA 会雇佣患者代表作为特别雇员、来提供关于医疗产品决策的反馈。美国 FDA 为这些患者代表提供培训，并为患者的服务提供相应的补偿。EMA 的患者代表项目通过患者组织网络来开展，该网络拥有 300 多个患者组织，患者可以在接受培训后参与到 EMA 工作中。

FDA 和 EMA 也提供患者直接参与监管决策过程的项目。在欧洲药品监督管理局，患者可以参与到整个药品监管流程。例如，作为人类药物科学委员会的成员，患者能够提出建议并且进行投票。而 FDA 的患者代表可以作为咨询委员会成员，提出建议，进行投票和为产品开发担任顾问。美国 FDA 也就罕见疾病建立了交流渠道来获取患者对早期研发的反馈。

此外，EMA 还成立了患者和消费者工作组，该工作组会对快速审批通道及欧盟新立法的实施进行讨论。美国 FDA 发起了患者参与协作工作组。这个工作组由患者组织和个人代表组成，共同探索在监管中如何实现更有价值的患者参与。2016 年美国《21 世纪治愈法案》(*21st Century Cures Act*) 出台，首次通过立法要求美国 FDA 在制定决策的过程中加入患者的观点、也将患者参与提升到立法高度。

2. 患者参与在中国的发展

在中国，患者参与也开始吸引制药公司和监管机构的注意力。患者组织和跨国制药公司也在尝试鼓励患者积极参与药物研发方面的工作，将患者群体的意见纳入药物研发的不同阶段。抱着助力药物研发的希望，患者组织开始收集分析患者疾病负担证据等真实世界数据，将患者群体的需求和痛点反馈给申办方和监管机构，促进以患者需求为中心的药物研发。从对接患者、链接专家到更系统的患者疾病负担数据分享、助力试验设计、加速试验入组和研发进展，患者组织为药物研发贡献自己的经验和智慧，国内药物监管机构也开始强调患者真实世界数据和患者参与的重要性。

在药物监管方面，目前中国患者参与的渠道主要还是通过药物监管部门的官方沟通平台。公众可以去相关监管机构的办事处表达诉求。此外，各监管部门官网的在线沟通版块也是一个常用交流渠道。药物监管相关的政策在正式发布前，各部门也会拟出征求意见稿，向社会征求反馈，这也是患者发声的一个好机会。

药监部门也开始强调患者参与对于以临床为导向的药物创新和研发的重要性。2019年CDE发布《真实世界证据支持药物研发的基本考虑（征求意见稿）》，开始探索使用真实世界证据进行药物安全有效性的评估。2021年，CDE在《以临床价值为导向的抗肿瘤药物临床研发指导原则》中提出，药物研发要以患者为中心，要求药企挖掘患者的需求、在患者真实需求的基础上开展药物研发。该指导原则对药物研发中患者需求的调研工作进行了详细的指导。

CDE于2021年发布的《患者报告结局在药物临床研究中应用的指导原则（征求意见稿）》中进一步强调了鼓励患者为中心的药物研发，提出临床结局作为评估药物的核心依据。患者报告结局，即通过评估工具掌握治疗药物在延缓疾病症状和对改善患者生活质量方面的表现。在2022年11月发布的《组织患者参与药物研发的一般考虑指导原则（试行）》中，则着重强调了来自患者的意见对药物研发的各阶段都具有重要性，鼓励企业在药物研发全周期纳入患者的数据和体验并就此提供详细的指导框架。

这一系列以患者为中心的政策法规的出台激励了制药公司在药物研发中引入患者参与的积极性。例如，赛诺菲公司认为，在中国以制药公司为中心的传统沟通机制已经不能满足目前药物开发的需要，患者组织、患者代表及招呼者不再满足于只在会议桌前占有一席之地，他们希望被赋予更多决策权，以此在医疗卫生服务定价、获取和透明度方面拥有更多的话语权。由于患者是了解自身病情的专家，因此他们可以更好地明确自身疾病与药物开发、试验设计和操作评估的关系。同时，应强调优化策略让患者参与到医疗产品全生命周期，特别是药物研发的过程中，并可以此改善患者招募和留存率以促进药物尽快成功上市并惠及患者（编者注：本案例由马瑞雪提供）。

从被动的临床试验受试者，到开始走上药物发现的舞台甚至掌握药物研发的主动权，患者的角色在一个多世纪的漫长博弈后发生了深刻的转变。在中国，这个转变也在发生。有影响力的患者组织开始承担起帮助患者群体寻找治疗希望的重任，引领新一轮的药物发现。

作为淋巴瘤患者组织的淋巴瘤之家，早在2016年就开始了参与企业药物研发的探索，参与了药物临床试验患者招募的入组加速工作，这也开启了淋巴瘤之家参与临床试验的专业化发展道路。风信子亨廷顿舞蹈症关爱中心则在2018年开始，作为亚洲患者社群代表加入到国际多中心临床研究的国际患者咨询委员会的工作中，为研究设计提供中国患者社群的视角，同时也积极推动了该研究在中国的落地工作。

对国际在研药物的中国区引进授权工作中，亮点连接罕见病关爱之家通过《肾上腺脑白质营养不良（ALD）疾病严重程度调研报告》分享了患者基本情况和照护负担等，帮助合作伙伴更好地理解患者群体的现状与需求。Dravet 综合征患者组织——卓蔚宝贝支持中心也通过患者家长线上顾问会议的方式，在全球多中心 III 期临床研究开始前，为企业提供患者代表们的反馈。在美儿 SMA 关爱中心的患者参与实践中，美儿积极和各方沟通协作，协助企业和医生及临床研究中心与患者建立良好沟通，分享来自患者的故事，让临床研究团队成员深刻体会自己的工作能够改变患者甚至家庭的命运。

本章在下文中也会对上述的这些精彩案例进行更深度地阐述。在日益成熟的监管体系的监督和尖端医疗科技的加持下，药物研发会给我们带来什么样的答案？对于这段注定曲折又奇妙的旅程，让我们继续拭目以待。

参考文献

[1] 苏珊·桑塔格 . 疾病的隐喻 [M]. 程巍，译 . 上海：上海译文出版社，2020：5.

[2] 思瀚产业研究院 . 中国医药市场尤其是生物医药市场发展迅速 [EB/OL].（2022–03–17）[2023–01–03]. https://baijiahao.baidu.com/s?id=1727511715016046621&wfr=spider&for=pc.

[3] BEN GOLDACRE. Bad Pharma：How Drug Companies Mislead Doctors and Harm Patients[M]. London：Fourth Estate，2012：30.

[4] 悉达多·穆克吉 . 众病之王：癌症传 [M]. 李虎，译 . 北京：中信出版社，2013：107–108.

[5] 生物谷 . 关爱罕见病：2020 年 1～4 月美国 FDA 批准的孤儿药适应证！[EB/OL].（2020–04–30）[2023–01–03]. https://www.bioon.com/3g/id/6754897/.

[6] DAVID FELDMAN，PAOLA KRUGER，LAURE DELBECQUE，et al.Co–creation of practical "how–to guides" for patient engagement in key phases of medicines development—from theory to implementation[J]. California：Research Involvement and Engagement，2021：2.

二、实践案例

案例 2.1 淋巴瘤之家参与企业药物研发的探索实践

顾洪飞 张 瑾

长期以来，患者组织就像房间里的一头大象，它长期存在，却一再被忽略。淋巴瘤之家是国际抗癌联盟、国际淋巴瘤联盟及国际患者联盟成员。由霍奇金淋巴瘤康复病友顾洪飞在 2011 年创立，绝大多数工作人员也都是有过淋巴瘤经历的患者和家属，所以淋巴瘤之家以"只有病友真懂你"为立家之本，以促进病友了解淋巴瘤知识、康复经验，提高康复信心为使命。在众多淋巴瘤权威专家和患者们的支持下，淋巴瘤之家成了被患者认可的、提供暖心守护与贴心陪伴的家园。截至 2022 年 12 月底，淋巴瘤之家的注册用户已经超过 11 万人，每年新增用户超过 2 万人。

1. 参与企业药物研发之一探：知易行难

淋巴瘤之家参与企业药物研发的探索最早可以回溯到 2016 年。"1997 年，史上首个癌症靶向药利妥昔单抗（Rituximab）获得美国 FDA 批准。此后，癌症靶向药物陆陆续续在美国批准上市[1]。"作为将淋巴瘤治疗带入精准治疗的跨时代药物，利妥昔单抗的出现给淋巴瘤患者带来了生命的希望，同时这款药物于 2000 年 4 月进入中国市场，2017 年进入了国家医保乙类目录，2018 年进入国家医保基本药品目录。在长达 17 年的时间里，因为利妥昔单抗长期在国内属于没有竞品的状态，患者在看到希望的同时也面对着治疗所带来的巨大经济压力。

淋巴瘤之家当时参与了利妥昔单抗生物类似药临床试验的患者招募入组加速工作。这也是到目前为止，大多数企业谈到患者参与临床试验时认为患者组织在临床试验过程中主要能参与的部分。但当时的患者招募工作并不顺利，最终只招到一个患者入组。困难主要来自两个方面：①患者群虽然数量很大，但大部分患者都已经被治疗过了，初治的患者或者完全没有用过利妥昔单抗的患者比较少。②即便是遇到没有使用又需要使用利妥昔单抗的患者，对临床试验还不太了解，担心自己成为小白鼠，顾虑很多。所以，在当时的背景下，招募的受挫，让从业人员看到自己在提升患者对临床试验的认知，以及患者分层方面还有很多工作要做。另外，企业也需要提升自身对患者参与临床研究的认知。当时，大部分肿瘤药企业也仅仅期待患者组织能帮助他们加速入组速度。从设定临床试验的入排标准到选医院，基本都是肿瘤药企独立完成的，他们对患者组织的参与还没有什么需求。写入排标准的部门可能都不知道患者组织的存在。

2. 参与企业药物研发之二探：患者受益

2017 年，正在欧洲参加罗氏主办的全球患者组织经验交流大会上，淋巴瘤之家获悉了一个重要信息——40% 的患者组织已经参与药物研发。当时，进口 PD-1 抑制剂在国外研究进展迅速，在中国也开始做临床试验了，但只是针对肺癌、肝癌患者。PD-1 抑制剂治疗霍奇金淋巴瘤的有效率是很高，但在中国却无人问津。

恰逢国内也有家企业要开始做国产的 PD-1 抑制剂。于是其联系此企业，从两个方面说服企业开展临床试验拓展 PD-1 抑制剂的适应证。第一是通过介绍自己所了解的数据；第二是帮他们分析这种面向小癌种的临床试验，样本量要求低，可能 80 ～ 90 例患者就可以完成，不像大癌种要有几百例患者才能完成。

说服工作很成功，这家国内企业最终决定开展 PD-1 的霍奇金淋巴瘤适应证的临床试验。淋巴瘤之家遂参与加速临床入组的患者招募工作。此次招募工作出奇顺利。首先，顾洪飞本人也是霍奇金淋巴瘤，因此在霍奇金淋巴瘤患者中的影响力比较大；其次，当时患者社群甚至全社会肿瘤领域关于新药的探讨都集中在 PD-1 上面，所以大家对 PD-1 的认知相对高，淋巴瘤之家也做了参与临床试验的患者纪录片，以及相关的科普讲座来提升大家对 PD-1 抑制剂和临床试验的认知度；再次，此次临床试验面对的人群和 2016 年完全不同（2016 年的临床试验是面向完全没有治疗过的新确诊患者），这次是面向复发难治的霍奇金淋巴瘤患者。而真正在患者组织长期活跃的、治疗中的患者还是多于新确诊的，复发难治的患者在其社群更多，新药需求也最迫切；最后，经济也是主要原因。当时还没有国产 PD-1 抑制剂，进口 PD-1 抑制剂价格很高，全部疗程下来就需要 30 万～ 50 万元，大部分复发难治的患者前面都经历了几轮治疗，再支付 PD-1 抑制剂的费用就难以承受了。

所以当淋巴瘤之家发布信息，临床试验启动后，就有大量患者自主询问。最终，共有 40 位患者入组参与，并将该临床试验的关门时间整整提前了半年，针对霍奇金淋巴瘤的 PD-1 抑制剂终于在中国顺利上市。

同时，淋巴瘤之家还推动企业开展了 PD-1 抑制剂拓展适应证到复发难治型 NK/T 细胞淋巴瘤的临床试验。NK/T 细胞淋巴瘤是国外比较少见，但中国比较多见的一种淋巴瘤亚型。而这些少见亚型由于缺乏关注，也缺乏治疗方案，复发后平均生存期就半年左右。但使用了 PD-1 抑制剂的复发难治型淋巴瘤患者，都多活了好几年。所以当企业完成了 PD-1 抑制剂的 NK/T 细胞淋巴瘤临床试验报告后，相关成果也得以在 2019 年的美国临床肿瘤学会（American Society of Clinical Oncology，ASCO）大会正式发表。目前，这项扩展适应证也在审批中。

3. 参与企业药物研发之三探：合作共赢

2017 年，百济神州和淋巴瘤之家有了两次关于 BTK 抑制剂泽布替尼药物研发的深入合作。

第一次合作是针对慢性淋巴细胞性白血病和套细胞淋巴瘤的 BTK 抑制剂临床试验。BTK 抑制剂（布鲁顿酪氨酸激酶）表达于 B 淋巴细胞前 B 细胞至 B 细胞成熟阶段，可通过激活细胞周期正向调控因子和分化因子调控 B 细胞的发育、分化，同时通过调节促凋亡和抗凋亡蛋白的表达调控 B 细胞的存活、增殖。BTK 是 B 细胞相关的恶性肿瘤，包括慢性淋巴细胞白血病（chronic lymphocytic leukemia，CLL）、非霍奇金淋巴瘤（non-Hodgkin lymphomas，NHL）和套细胞淋巴瘤等的潜在治疗靶点。对慢性淋巴细胞白血病和套细胞淋巴瘤而言，BTK 抑制剂是可以和利妥昔单抗同样拥有重量级地位的创新性药物。早在药品没有进入中国之前，很多患者就找到淋巴瘤之家咨询新药在国外的使用情况，很多患者命悬一线更是期待着早日用上这款新药。但 2017 年，第一款 BTK 抑制剂伊布替尼进入中国，其 1 盒 48 500 元的价格还是让患者望洋兴叹。

百济神州找到淋巴瘤之家合作开启第二代 BTK 抑制剂 [2] 针对慢性淋巴细胞性白血病和套细胞淋巴瘤的临床试验时并不顺利，入组难度大，这两种亚型的患者还特别少。看到全球开展的 BTK 抑制剂临床试验的入排标准里还要求复发的患者再次取活检，对患者治疗旅程的理解让顾洪飞敏感地发现，这个入排标准并不合理。对于复发患者而言，很难再取活检，因为复发患者的病情发展也比较快，等的过程可能就错过了最佳入组时间。这种实在取不到病灶的案例完全可以通过临床医生的判断，让患者避免再次承受有创手术的折磨，复发的套细胞淋巴瘤不存在或很少有转化为其他亚型的可能，就没必要为了证明自己复发还是套细胞淋巴瘤再动刀子，等待两周的病理报告了。复发的患者真的等不起。

这个观点也得到了临床医生的支持。于是，淋巴瘤之家首次提出去掉再次取活检的入排要求。经过百济全球研发总部召开研讨会，最终修改了临床试验的入排，两年内有病理报告的套细胞淋巴瘤患者就不用再取新鲜的组织来做活检了。淋巴瘤之家在两三个月里，一共入组了12位套细胞淋巴瘤的患者、7位慢性淋巴细胞性白血病患者，帮助企业快速推进了研发进程。

有了第一次合作的经验，第二次的合作是将BTK抑制剂的适应证扩展到更少见的亚型边缘区淋巴瘤。这次的难度主要在于患者极其少见，入组难度非常高。但最终在1个月以内完成了入组的任务。

回头来看，这整个过程难度很大，修改入排标准，在过去看来对患者组织而言是一个不可能完成的任务；招募复发的慢性淋巴细胞性白血病、套细胞淋巴瘤及少见的边缘区淋巴瘤亚型，无一不是难上加难的任务。修改入排后加快了入组，快速关闭入组后，随访的时间也就不会被拉长，整个临床研究的节奏都被加快了。除了参与临床招募以外，还通过媒体发声，协助BTK抑制剂的加速审评、优先审评，全程参与了药物研发的早期研发、临床试验和审评审批过程。

4. 患者组织参与企业药物研发的启发

淋巴瘤之家在药物研发领域的探索实践启发有3点：①患者组织参与临床研究应该放眼世界，如果不是了解国际先进患者组织参与的理念与案例，我们还不能走得这么坚定。②要从小事、实事做起。了解最新药物研发动态、药物研发过程、国内政策趋势、患者未被满足的需求和患者旅程……每一件事情都可能为药物研发提供来自患者视角的珍贵洞见，帮助企业做出正确决策。③急患者所急，让患者有药可用，促进药物研发效率提升的同时，在未来兼顾药物毒性的控制，将患者对生命质量的需求传递出去，得到企业研发的重视。

回首过去6年的探索之路，淋巴瘤之家陆续和企业签订了70多项试验的合作，更多改良的BTK、BCL-2、CAR-T等都已经在快速研发推进中，也首次与企业签订了正式的战略合作，从更长远期的规划参与到药物研发中。

参考文献

[1] 中国医改进入高潮 中美医药上市差距仍明显 [EB/OL].（2017–10–09）[2023–02–02].https://www.cn–healthcare.com/articlewm/20171009/content–1017832.html.

[2] 干货！一文看懂 BTK 抑制剂行业发展现状：耐药问题亟须解决 [EB/OL].（2022–09–16）[2023–02–02].https://view.inews.qq.com/a/20220916A0238W00.

案例 2.2　亨廷顿舞蹈症患者社群参与药物研发的探索

曹　茜

1. 人类历史上最残忍的疾病

亨廷顿舞蹈症（Huntington's disease，HD）被称为"人类历史上已知最残忍的疾病"。纽约时报畅销书作家、哈佛大学神经系统学博士莉萨·吉诺瓦在她的小说《拥抱时间的人》里这样描写主人公患病的妈妈："他美好记忆中那个快乐、温柔、冷静的妈妈开始变得模糊，好像那个妈妈是他极度渴望而产生的一种想象，很快他就只记得她醉酒后咆哮的样子了，最后只记得她躺在那张床上的样子了。她瘦骨嶙峋、身体扭曲，有时低声咕哝着什么，有时沉默不语。她的身体变得奇形怪状的。那张床上的女人再也不会给他读故事或者冲他微笑了。她不再是任何人的妈妈了[1]。"

19世纪70年代，美国的乔治·亨廷顿医生首次报道了这种患者，而该病也因此得名为亨廷顿舞蹈症。亨廷顿舞蹈症，是一种可怕的家族遗传疾病，也是一种罕见疾病。患者会出现无法控制的舞蹈样动作、精神症状和认知症状。随着病情进展，患者会丧失思考、说话、吞咽等行动能力，直到最终死亡。

1952年，在美国民俗歌手伍迪·格思里被确诊为亨廷顿舞蹈症后，他的妻子玛乔丽联合患者们走上一条自救之路。她说服了时任总统卡特成立了一个总统委员会，专门研究包括亨廷顿舞蹈症在内的神经系统疾病。1968年南希·维克斯勒23岁，父亲米尔顿告诉她，她的母亲被确诊为亨廷顿舞蹈症。米尔顿自己是出色的精神分析师，研究背景出身的他对科研很感兴趣。同年米尔顿发起了遗传疾病基金会（Hereditary Disease Foundation），专注于亨廷顿舞蹈症的研究。在当时，几乎没有人知道亨廷顿舞蹈症，也几乎没有人研究它。米尔顿认为最重要的是让大家开始认识并且讨论这个疾病。

米尔顿决定以亨廷顿舞蹈症研讨会的方式来开展。研讨会通常以一个患者家庭成员的分享开始，接着是不同领域的科学家来对疾病进行讨论。在这里，患者的参与和科学家的参与都很重要。患者的分享可以让科学家对疾病和患者的疾病负担有直观的理解。基金会重视顶尖科研人员的参与和年轻科研人员的培养。1983 年发现的疾病 DNA 标记及 1993 年发现的疾病基因，也得益于该基金会的工作和资助。

1983 年，基金会发起了一项名为"基因猎手"（Gene Hunter）的联合行动，100 多位科学家参与其中。"基因猎手"行动在 10 年后取得了重大突破：发现了亨廷顿舞蹈症的致病基因。亨廷顿舞蹈症致病基因的发现一方面让科研人员可以深入地挖掘疾病机制。另一方面，也为今后几十年的药物研发奠定了基础，让探索疾病的基因沉默和基因编辑药物成为可能。

由于这项重要科学发现，1993 年南希荣获有"诺奖风向标"之称的拉斯克奖。直到 2020 年在纽约时报的采访中，南希才第一次坦诚了她也遗传了母亲的疾病。

发现亨廷顿舞蹈病的致病基因——HD 基因后，科学家提出通过基因编辑来关闭这个基因的设想。目前对于疾病致病机制的理解是，基因突变导致大量有毒蛋白在大脑内聚集，进而导致疾病的症状。

2017 年底突破性的科研进展出现，生物制药公司伊奥尼斯制药（Ionis Pharmaceuticals）和罗氏宣布，有史以来的首个亨廷顿蛋白降低药物 I / II a 期临床试验圆满结束。这是一种反义寡核苷酸（antisense oligonucleotide，ASO）药物，试验显示药物能降低神经系统的突变蛋白，并且安全性和耐受性都良好。罗氏负责药物的后续试验和全球 III 期临床试验工作[2]。全球患者社群都为这个消息激动不已。以此为契机，作为中国患者社群代表的风信子亨廷顿舞蹈症关爱中心（简称"风信子"）也见证参与了这一里程碑式的全球行动。

2. 全球亨廷顿舞蹈症行动

患者的参与能够降低受试者参与试验的负担，改善临床试验设计和加速试验执行，对临床研究的意义重大。患者提供的反馈也可以帮助临床研究降低试验脱落率，改善实验招募。在欧美，目前常见的患者组织参与临床研究的方式可以分为以下几类：创新合作伙伴（如患者咨询委员）、临床试验设计、电子设备和数字医疗及临床试验受试者支持网络。其中最常用的方式是患者咨询委员会。

在全球 III 期临床试验方案设计和落地执行的过程中，国际亨廷顿舞蹈症患者社群选择以患者咨询委员会的方式来和制药公司合作。国际患者社群成立了亨廷顿舞蹈症患者参与联盟（The Huntington's Disease Coalition for Patient Engagement，HD-COPE），目的是增加患者在全球临床试验中的话语权，解决患者群体痛点，促进临床试验的招募，提升临床试验的保留率。这也是第一次在亨廷顿舞蹈症药物研发过程中，全世界的患者组织联合起来一起行动。在全球行动中，风信子作为亚洲患者社群代表加入到亨廷顿舞蹈症患者参与联盟全球咨询委员会的工作中，从临床试验的患者反馈、社群需求到临床研究招募这些焦点问题与临床研究团队保持持续沟通。

3. 中国患者社群的探索

2011 年母亲被确诊为亨廷顿舞蹈症之后，抱着希望及帮助跟母亲同病相怜的患者想法，风信子创始人曹茜积极投入到中国患者社群的活动中。2016 年，在联合创始人曹立医生的帮助下，曹茜成立了风信子亨廷顿舞蹈症关爱中心，并全职参与风信子的工作。

风信子旨在结合社会资源，为全国亨廷顿舞蹈症患者群体发声，提供支持和帮助，改善医疗条件，提升患者及其家庭的生活质量，帮助患者社群提升药物和医疗服务的可及性，并最终实现在包容的社会环境下，给患者群体带来有尊严、有质量的生活这一愿景。风信子理事会成员包括公益、医疗等相关领域的资深人士。发展至今，风信子已经形成并发展了覆盖全国多地的患者和医生网络，累计帮助了几千名患者及家属。

作为全国唯一的亨廷顿舞蹈症患者组织，风信子积极争取罗氏全球Ⅲ期临床试验在中国落地。在和各利益相关方交流后，风信子做出了以下判断：中国患者群体参与的意愿强烈，医药行业的政策环境和基础设施都已成熟，临床医生能够胜任全球Ⅲ期临床试验。

作为患者参与的研究人员，丹尼斯·罗宾斯将以患者为中心定义为：一个动态过程，通过这个过程，患者可以多种途径调节信息的流动，从而做出符合其偏好、价值观和信念的选择 [3]。中国患者社群参与的方式是通过创新合作伙伴关系来和企业推动临床试验在中国落地，基于企业和患者社群的实际需求来灵活定制合作策略。

（1）患者疾病负担数据分享

2016—2019 年，风信子进行了两次全国患者群体生存情况调研，深入分析患者诊疗现状、疾病负担、未满足的诊疗需求和科研参与意愿。此外，社会文化的差异导致中国患者的需求有自身的特点。鉴于合作伙伴是第一次进行亨廷顿舞蹈症这个疾病领域的Ⅲ期临床试验，这些信息提供了对患者群体的深刻洞见。

例如，亨廷顿舞蹈症的主要症状为运动、精神和认知症状。据风信子2019年的亨廷顿舞蹈症生存情况调研报告统计，82.63%的患者报告自己出现过运动症状，75.42%有过认知症状，63.14%的患者出现过精神症状，56.78%的患者报告这三种症状自己都经历过。调研发现在患者的治疗中，治疗方案往往过度聚焦于运动症状的管理，而忽视了对认知和精神的治疗，从而影响患者对整体治疗方案的满意度。在现有的药物治疗中，大部分受访患者都表示目前现有的治疗疗效不理想。

2019年仅有不到一半的患者坚持治疗，坚持治疗的患者中也只有1/5认为治疗有效。超过2/3的患者愿意参加药物临床试验，患者参与临床试验的主要顾虑有医院太远、时间花费和个人隐私[3]。

（2）疾病诊疗现状和诊疗地图

由于疾病罕见，亨廷顿舞蹈症的患者较少，有能力提供诊治的医生则更少。摸清患者在中国的诊疗情况对于试验中心筛选和患者招募很关键。基于工作中累积的资料，风信子帮助合作伙伴对全国亨廷顿舞蹈症诊疗中心的信息、患者的就诊地图进行了梳理，就各中心的诊疗情况、患者规模、各地区患者经常选择的就诊中心进行了分享。

（3）疾病临床专家协作网资源链接

2011年在让·马克·布贡德教授（Jean-marc Burgunder）、商慧芳教授和裴中教授等专家的牵头下，中国亨廷顿病协作网（Chinese Huntington's Disease Network，CHDN）成立了。作为CHDN的执行委员会成员，风信子深度参与科研和临床项目，为项目设计和执行提供了患者视角。风信子也为合作伙伴链接了CHDN的专家网络资源。

CHDN以专科医生和医疗机构为主体，在国内各地成立了十几个临床中心，以此为平台进行资源共享及开展合作研究。CHDN每年举办针对国际常用亨廷顿舞蹈症临床评估量表的培训，共有超过100位医生参加。

2019 年，罗氏制药参与了 CHDN 研究者会议，并在 CHDN 的协助下寻找到合适的临床中心。由四川大学华西医院商慧芳教授牵头，开展亨廷顿舞蹈症基因药物 RG6042 在中国多中心的全球Ⅲ期临床试验[4]。

（4）患者工作坊

患者咨询委员会和专业小组是比较常见的患者参与方式，主要用于和患者、医生和其他临床研究利益相关方进行交流。目前这已经成为一些组织的标准流程，这不仅有助于在临床试验的早期收集患者的意见，还能够以最低的成本为组织提供更快的反馈，收集到的数据也可以为临床试验方案设计提供洞见[5]。针对准备开展Ⅲ期临床试验的药物，风信子和合作伙伴共同设计开展了患者工作坊，以加深合作伙伴对患者未满足的治疗需求和理解。

在工作坊的准备环节，双方首先共同对活动主题、维度进行了多次深度沟通后达成统一，决定对亨廷顿舞蹈症患者确诊、接受治疗和长期随访这三个方面的挑战和未满足的需求、疾病带来的影响及需要的支持进行探讨。

活动开始前，我们和患者进行了一对一的沟通，确保每个患者对活动信息和讨论主题有一定的了解。在工作坊中，我们发现了患者强烈的治疗意愿和他们很大程度上未被满足的治疗需求之间的巨大落差。例如，疾病主要影响患者的运动功能、认知和精神。运动症状会导致有些患者丧失继续工作的能力；认知症状的恶化会让有些患者认知能力下降、反应变慢、无法应对日常生活；也有部分患者因为严重的情绪和暴力导致家庭关系的破坏，他们都迫切希望能够通过治疗得到改善。这些症状给患者带来的影响是灾难性的，然而目前的治疗方案尚未满足患者对于症状控制的期待。

（5）与政策制定方持续沟通反馈

自 2017 年起，风信子一直持续积极号召患者群体整合力量，呼吁各监管机构将亨廷顿舞蹈症纳入国家罕见病目录，对包括亨廷顿舞蹈症在内的罕见病加快药物审评审批、减免临床试验要求、启动国际治疗药物在中国的同步临床试验、启动快速审批通道。在患者参与监管决策方面，倡导监管方在沟通交流阶段开通患者参与渠道、聆听患者的建议。

在患者群体和公众的呼吁下，罕见病政策改革的浪潮也掀开帷幕。2018 年 5 月，国家 5 个部委（国家卫生健康委员会、科学技术部、工业和信息化部、

NMPA、国家中医药管理局）发布《第一批罕见病目录》，收录了包括亨廷顿舞蹈症在内的 121 种疾病。针对罕见病药物研发和上市的激励政策也随后出台。2018 年 10 月，NMPA 在《临床急需境外新药审评审批工作程序》中，将境外上市的临床急需罕见病药品审评时间缩短到 90 日。

4. 临床试验在曲折中前进

遗憾的是，2021 年 3 月罗氏新闻稿披露，基于独立数据监测委员会（Independent Data Monitoring Committee，IDMC）的建议，未发现患者能从临床试验中获益，因此暂停了试验。这个独立数据监测委员会是独立的专家组，对临床研究数据进行定期审查，在药物试验中，这是一种重要的标准流程以确保受试者的安全。经过 10 个月对临床试验数据的整理分析，2022 年 1 月罗氏合作伙伴 Ionis 公司发布新闻稿，表示之前终止的亨廷顿舞蹈症全球 III 期临床试验，临床试验数据后期分析显示试验药物对一组更早期的年轻患者可能有获益潜力。罗氏正在设计一个 II 期临床试验来对针对这个群体进行验证[6]。

5. 行动的收获

科学在挫折中曲折前进。虽然临床试验在目前遭遇了挫败，但是收获了一个更有行动力、经验更丰富的患者社群。在推进了 3 年的临床试验知识培训和普及后，患者社群对疾病的药物研发流程和临床试验积累了更多的知识和经验，有了更科学理性的认识。期待下一轮临床试验能够给大家带来答案，并在合适的时机做好再次参与的准备。

作为患者组织，风信子也对药物研发的流程和医药行业的架构有了更深入的理解，积累了第一手患者参与的经验。患者的视角能够让临床研究设计方和监管机构更直观地了解患者迫切需要解决的问题和痛点，以及这些试验方案的设计是否有效回应了这些需求和痛点。同时，患者和疾病共存的宝贵经验，也能够帮助药物研发优化方案设计、快速完成试验入组，加速临床试验的流程。

6. 一些反思

关于患者参与药物研发的讨论很多，目前还没有通用的实践标准。可以从以患者为中心的 4 项核心原则（即相关性、实用主义、可行性、互动性）出发[7]，倡导更好的行业实践。风信子基于自身患者参与项目的实践经验，提出以下建议。

（1）企业的主动性

不同企业对于患者参与项目的态度和主动性大相径庭。对于有些企业来说，患者参与项目主要的挑战在于很难获得企业内部的认可和执行权，缺乏风险承受能力，缺乏资源（包括预算和工作人员）及时间。中国的跨国药企面临来自国际总部和国内政策环境下的双重严格合规要求，导致缺乏发起患者参与项目的主动权。

此外，患者参与要求双方有专业和投入的精神。双方在合作初期需要花费大量的时间和资源来建立初步的相互了解。大型制药公司还有决策链长、人员流动性高这些特点。针对合作的提议企业团队往往需要层层上报，花费的时间较长，导致沟通的成本增加。有时，团队人员的流动性太大也会给患者参与项目带来挑战，频繁的人员更替意味着合作双方在很长的时间内都处于磨合期，会影响合作的产出。合作双方需要从组建初期就开始考虑这些问题并给出更好的解决方案。

（2）患者参与的共识和框架

合作双方需要建立起合作的基本共识和框架，沟通合作主题和方式，划分权责。患者组织的工作是搭建基础设施和沟通桥梁，往往像润物细无声的细雨，重要性和价值常常被低估和忽略，合作伙伴需要理解和尊重患者组织的投入。

制药公司需要平衡企业逐利本性和对医学科学的尊重。患者需要客观的知识和技能培训、提高科学素养，建立自己的衡量尺度。患者需要能够理解药物研发的相关资讯，并且能够就相关的议题进行讨论，这样的患者才能更好地贡献自己的见解，做出更符合自己利益和价值观的判断。

（3）持续的政策倡导

在中国，政策环境是影响药物研发的一个主要风向标。风信子从创立到现在的这几年里，非常幸运地站在了政策改革的风口上。不管是创新药的快速引进、纳入国家医保，还是全球药物研发的参与，患者群体和各利益相关方都做出了巨大的努力，成功在很大程度上也受益于药物监管和医保政策的改善。2015 年以来的监管改革春风优化了药物监管环境，而患者组织的政策倡导努力是一项长期工作。监管部门也需要考虑开放更多的渠道来倾听患者代表的反馈。譬如，在药物监管决策中纳入公开听证会和患者代表项目、患者咨询委员会等这些患者参与方式，这些方式也是在国际监管操作中获得广泛认可的。

（4）艰难求索中的专业独立道路

在合作的过程中，药企提供捐赠、资助患者组织开展项目，这是目前比较常见的方式，也是很多机构的一个重要资金来源。如果单个药企的捐赠在机构的资金来源中占了相当大的比例，这会对患者组织的独立性带来挑战。

在和欧洲药品管理局合作的患者组织中，有 2/3 获得了制药行业资助，2006—2008 年平均捐款占每个组织运营成本的一半[8]。当接受药企资助的患者组织在药物监管政策上则更倾向于和药企的立场保持一致，这也可能让公众对于患者组织的行动动机提出质疑。

患者组织需要尽可能地维护自己的独立性。如何保证机构在获得药企捐赠和资助后，保持机构的独立性，继续代表患者群体的利益？不再能代表患者群体利益的机构将面临失去社群基础的风险，会给机构和药企合作关系带来风险。因此建立机构合规机制及行业共识来完善监督机制是值得机构和行业去探索的。良好并且可持续的患者参与建立在和各利益相关方相互尊重和持续沟通的基础上。

在不计代价寻求治疗的患者需求和患者的权益保护之间往往存在冲突，患者组织要努力平衡需求。合格的机构需要在充分知情的前提下，对患者参与药物研发的风险和获益做出科学理性的判断。

在医学史上，现代人的健康其实更多受益于公共卫生、营养水平和现代预防医学的进步。慢性疾病患者需要在现代医学的帮助下学会和疾病共存。而患者组织在寻求治疗希望的同时，也不能放弃对患者当下每一天的关怀。

鉴于目前对人体的了解有限，药物研发依然是艰难并且值得敬佩的探索。现在，患者和患者组织也带着自己的独特视角和知识宝藏加入到探索的团队里，这很有可能成为改写下一阶段药物研发的关键契机。

参考文献

[1]　莉萨·吉诺瓦. 拥抱时间的人 [M]. 解晓丽，译. 南昌：百花洲文艺出版社，2020：83.

[2] IONIS. Ionis Pharmaceuticals Licenses IONIS-HTT Rx to Partner Following Successful Phase 1/2a Study in Patients with Huntington's Disease[EB/OL].（2017-12-11）[2023-01-13]. https://ir.ionispharma.com/news-releases/news-release-details/ionis-pharmaceuticals-licenses-ionis-htt-rx-partner-following.

[3] DENNIS A ROBBINS，FREDERICK A CURROCHESTER H FOX. Defining patient-centricity：opportunities，challenges，and implications for clinical care and research[J]. Ther Innov Regul Sci，2013，47（3）：349-355.

[4] 风信子亨廷顿舞蹈症 . 2019 亨廷顿舞蹈症患者调研报告（二）沉重疾病负担、残疾和自杀 [EB/OL].（2020-05-28）[2023-01-13]. https://mp.weixin.qq.com/s/zXlSefZa2eIvehStpzuYdg.

[5] 知识分子 . 中国亨廷顿病协作网与亨廷顿病群体的十年 [EB/OL].（2020-05-14）[2023-01-13].http://zhishifenzi.com/depth/depth/9003.html.

[6] MARY JO LAMBERTI，JOSEPHINE AWATIN. Mapping the landscape of patient-centric activities within clinical research[J]. Clinical Therapeutics，2017，39（11）：1-5.

[7] IONIS. Ionis' partner to evaluate tominersen for Huntington's disease in new phase 2 trial[EB/OL].（2022-01-18）[2023-01-13]. https://ir.ionispharma.com/news-releases/news-release-details/ionis-partner-evaluate-tominersen-huntingtons-disease-new-phase.

[8] BEN GOLDACRE. Bad pharma：how drug companies mislead doctors and harm patients[M]. London：Fourth Estate，2012：53.

案例 2.3　SMA 患者组织参与药物临床研究实践

邢焕萍

　　脊髓性肌萎缩症（Spinal Muscular Atrophy，SMA）是一种严重的遗传性神经肌肉类疾病。被收录在我国《第一批罕见病目录》中。

　　近年来，随着多款药物的上市，以及部分药物进入国家医保目录，SMA 也成了罕见病领域为数不多的广为人知的"明星"疾病。SMA 治疗领域的快速发展过程，也是 SMA 患者和家庭自救的过程。2001 年，美国有一个叫阿雅（Arya）的小朋友被诊断为 SMA，当时他的医生很遗憾地说："我很抱歉"。之后阿雅的父母便开启了为孩子疯狂寻找治疗方法的过程，让他们更为震惊的是在当时的美国甚至全球，几乎没有研究项目关注这个小众的群体。于是他们从自己家的企业里拿出 1500 万美元，成立了一个叫 SMA 基金会，该基金会的宗旨是：趁还来得及的时候，尽快给阿雅和其他 25 000 名患有 SMA 的孩子找到治疗方法。目前已上市的几款药物在其研发的过程中或多或少都受到过 SMA 基金会的支持和影响。

　　与此同时，中国 SMA 患者和家庭也开启了自救之路。从 2002 年开始，国内的患者家庭就慢慢地聚在一起抱团取暖，他们通过翻译国际上的资料等办法，学习该疾病的治疗和护理方法，大家在一起努力发声，希望更多的人能看到和关注到这个群体。2016 年在患者和家长的共同努力下，第一个 SMA 关爱组织"美儿 SMA 关爱中心"在北京市民政局正式注册，为国内的 SMA 患者家庭提供规范和系统的专业服务，同时也为国内 SMA 领域的发展贡献了不可或缺的力量。

1. SMA 患者组织参与药物研发的背景

（1）2016 年之前

　　国内 SMA 疾病的知晓度很低，全球范围内没有治疗药物，患者和家长处在比较绝望和无助的境地中。

（2）2016 年 1 月

美儿 SMA 关爱中心成立，国内第一个以服务 SMA 患者为目标的社会组织出现，并组建了全职的工作团队。

（3）2016 年 4 月

第一个 SMA 患者登记库建立，并完成第一次国内 SMA 患者生存状况的调研。

（4）2016 年 8 月

第一届中国 SMA 大会召开，我国及欧美的专家与国内的 SMA 家长共聚一堂，讨论和交流国际国内关于 SMA 的诊疗方案，开启了中国 SMA 诊疗的新征程。在这次交流中，国内的病患家庭认识了多学科会诊（Multi-Disciplinary Treatment，MDT），意识到药物治疗外更积极的干预支持对患者生活质量的改善同样极为重要。很快，北京大学第一医院、上海复旦大学附属儿科医院、首都儿科研究所附属儿童医院等医院开始了 SMA 的 MDT 模式探索。

（5）2016 年 12 月 23 日

第一款 SMA 疾病修正治疗药物在美国获批上市，次年在欧洲、日本等国上市，并进入国家医疗保险覆盖范围。

（6）2016 年底及后续两年

首款国外获批 SMA 疾病修正治疗药物并没有在中国提交上市申请，并且国外的价格昂贵，国内 SMA 患者无药可用的困局依然没有改善。

（7）2017 年

CDE 发布《关于鼓励药品创新实行优先审评审批的意见》，对于临床急需的儿童用药、罕见病用药等可以优先审评审批。

（8）2018 年

国内首次参与了 SMA 药物国际多中心临床试验，这是中国 SMA 患者有史以来第一次接触到专门针对 SMA 研发的药物。

2. SMA 患者组织参与药物研发的具体内容

（1）与制药企业的沟通

1）与药企国际总部：通过邮件的形式，向药企总部介绍国内 SMA 患者的基本情况，表达国内患者对参与临床试验的需求；同时也介绍国内诊疗水平的进步，表达国内有条件完成临床试验任务，以及国内药物监管方面的新政策，如罕见病药物有机会得到优先审评审批。

2）与药企中国团队：与负责 SMA 临床研究的团队交流，分享发生在 SMA 患者和家庭身上的故事，使得药物研究的数据、化合物与活生生的人链接在一起，让项目团队的工作人员理解自己所从事的研究项目对改善患者甚至家庭的命运有多么的重要，鼓励他们更积极地投入到研发工作中去。

（2）与专家的沟通

1）促进国内外专家交流：邀请国外已经开展临床试验的专家与国内的专家交流，提高国内诊疗水平。例如，参与学习神经肌肉病的运动功能评估（motor function measure，MFM）量表的培训，并鼓励国内患者参与量表精效度评估的研究，通过量表评估来对患者身体机能进行综合管理。

2）协助企业拜访专业诊疗中心：基于患者组织对国内 SMA 诊疗中心的了解和长期合作，向企业推荐国内具备临床条件的专业诊疗中心，并陪同药企总部科学家一同前往诊疗中心实地考察。国内诊疗中心的专业水平得到了项目主要负责专家的认可，患者组织的协助对最终临床研究在中国落地发挥了积极作用。

3）协助医生做好招募工作：以临床研究中心专家组的要求，协助发布通知。严格按照招募通知书和专家组的建议向家长进行解释和答疑。

（3）与药监局的沟通

以信件的形式向药监局相关领导介绍国内 SMA 患者及家庭面临的困境，以及对药品的迫切需求。同时介绍国内目前具备开展临床研究诊疗中心。

（4）与患者家庭的沟通

1）临床试验相关知识基本科普：以临床试验公开招募通知为参考标准，用家长们能听懂的语言向大家解释相关问题。例如，什么是临床试验；什么是安慰剂对照；本次临床试验药物的基本原理、给药方式；本次临床试验的基本入组条件（明确诊断、年龄、身体状态等）；如果想参与临床试验，应该怎么样报名等。

2）及时与家长沟通项目进展信息，澄清不实传闻、协助家长们理性做决定。如果信息不透明，特别容易引起猜疑和恐慌，需要及时的沟通解释。因此要密切关注家长动向，避免家长们做出一些非理性的冲动决定（例如：在听到有临床试验，但自己的孩子是否符合入组条件等都未知的情况下，就辞职、搬家等）。同时，由于信息不透明，容易让一些不法分子利用家长们的迫切心态钻空子，例如，某人或某公司说只要患者支付多少钱参与他们的某个项目，就可以得到参与临床试验的机会等。针对此类信息要及时澄清，避免患者家庭的财产损失。

3）对未能入组的家庭进行安抚，能入组临床试验的患者总是少数的，大部分患者都没有机会参与，未能成功入组的家庭会再次陷入失望的状态。组织专业社工对家长和病友进行情绪疏导，对于有严重情绪的家长或病友转介到专业心理咨询机构。

4）协助入组的家庭与研究团队沟通和交流。患者入组成功后，研究团队会对他们进行全程的管理和照顾指导。在这个过程中，当患者有任何问题需要求助的时候，患者组织都会积极地了解情况，并协调各方来共同解决，以保证临床试验顺利向前推进。

（5）协助各利益相关方完成对 SMA 患者生存状况的研究

临床研究开展前往往需要进行大量的调研，有来自药企的、研究单位的、药监部门的，内容涉及行业发展、患者生存状况、疾病负担、自然病史等，作为关注领域发展、行业动态、患者状况的患者组织，积极地协助和参与各类有价值的调研，反馈基于对患者群体充分了解后的洞见和真实世界数据。

3. 对于患者组织参与临床试验的一些思考

第一，对于临床上没有治疗药物的罕见病患者，招募受试者不是主要的困难，促进临床试验项目在国内开展更为重要。

第二，作为罕见疾病，由于其罕见，在诊疗方面的发展是不平衡的。如果患者组织希望促成药物在中国开展临床试验，除了积极跟药企沟通外，还需要跟诊疗领域的专家们一起努力使国内的诊疗水平达到临床试验的要求。另外，对患者基本生存状况、自然病史的研究也很重要。患者组织可以提前收集了解相关信息，协助相关专家完成需要的各种研究，以满足开展临床试验的必要条件。

第三，在罕见病领域，患者组织对患者情况及行业动态了解得更为全面，近年来患者组织的发展也更为专业，如果患者组织可以更早地参与到临床研究项目中，如结合国内患者群体特征对临床研究项目设计提出建议，有助于患者参与临床试验的获益及风险规避。

第四，药物临床研究过程中，患者组织除了协助招募受试者，与患者和家属的沟通也非常的重要，协助做好信息更新与传递，必要时安抚患者与家属的情绪。

4. 对药物研发过程中患者参与的建议

第一，增加患者组织在药物临床申请闭环中的作用，尤其要增加对于认识度非常低的罕见病患者组织的作用。在药物临床研究方案设计初期、药物审评审批的过程中，可以听取患者组织的建议和意见，了解真实客观的情况。

第二，无论是药企、临床研究中心还是其他利益相关方，要对患者组织有更多的信任。在相关协议约定的情况下，及时向患者组织更新最新进展，以保证患者组织及时跟患者或家长沟通。

第三，对于罕见病患者来说，除了试验药物外往往没有其他可选择的药物，临床试验的方案要考虑临床试验结束后到患者可以完全有能力购买上市药物中间的时间差，防止患者因药物临床试验结束而停药，再次陷入生命受威胁的境地。在临床试验设计方案中，需考虑增加临床试验结束后到药物上市之前患者可以持续用药或同情用药的部分。

5. 案例点评

北京大学第一医院熊晖教授点评：作者详细介绍了患者组织在罕见病临床研究中如何能更好地发挥作用，也提出了思考和建议。"美儿 SMA 关爱中心"作为患者组织的旗帜和标杆，做到了主动、专业、规范，有所为，有所不为。能够换位思考，切实解决患者的问题。希望能成立更多这样的患者组织，做到政府支持，大家信任，从"报团取暖"到"众人拾柴火焰高"。

案例 2.4　脑白质营养不良患者组织推动 ALD 在研药物引进

刘轩飞

1. 背景介绍

脑白质营养不良（Leukodystrophy，LD）是一种罕见病，由一系列基因突变引发脱髓鞘或髓鞘生成障碍等问题，累及中枢神经系统白质，并可能伴随周围神经系统异常，是一类致残、致死率高，且目前无法治愈的病症。其主要包括肾上腺脑白质营养不良（adrenoleukodystrophy，ALD）、异染性脑白质营养不良（metachromatic leukodystrophy，MLD）、克拉伯病（又称"球形细胞脑白质营养不良"，英文缩写"GLD"）、亚历山大病、白质消融性白质脑病（leukoencephalopathy with vanishing white matter，VWM）、肝脑肾综合征（Zellweger）、卡纳万病（又称"海绵状脑白质营养不良"）、佩利措伊斯 – 梅茨巴赫病（Pelizaeus Merzbacher disease，PMD；简称"佩 – 梅病"）、Aicardi-Goutières 综合征（Aicardi–Goutières syndrome，AGS）、Leigh 综合征等 50 多种疾病。这类罕见病目前还没有根本治愈的方法，只能对症治疗。很多医生并不熟悉这类疾病，一旦误诊将延误宝贵的治疗时机，如果疾病进入快速发展期，目前的医学是无力回天的。

亮点连接罕见病关爱之家（以下简称"亮点连接"）是由脑白质营养不良患者和家属发起的病友公益组织，致力于患者服务、医患科普、医疗推动和政策倡导，力求提升每一个患者的生存质量，让脑白质营养不良罕见病可防可治是组织的使命和愿景，希望可以"连接亮点，点亮希望"。发起人刘轩飞，是一名互联网老兵，有近 20 年互联网从业经历，曾经两度创业。2019 年 7 月，通过基因检测，刘轩飞确诊了影响自己健康的问题是一种叫作 ALD 的罕见病。幸运的是，他所患的这种疾病是成人脊髓型，目前只影响下肢运动，在不影响大脑的情况下并不会影响寿命。确诊罕见病以后，刘轩飞选择了放弃原有事业，投身于罕见病公益之中，于 2020 年 5 月发起成立了亮点连接。2021 年 5 月，亮点连接牵头在上海举办了首届中国脑白质营养不良医患大会，邀请了全国各地的病友和多位专家来到现场参会和分享，推进了我国脑白质营养不良罕见病领域医疗可及性的发展。多家媒体对本次会议进行了报道，使得脑白质营养不良罕见病第一次进入公众视野。

2. ALD 患者的治疗现状及生存质量

ALD 是脑白质营养不良罕见病中发生最广泛的一种疾病，根据《罕见病诊疗指南（2019 年版）》记录，该病的发病率约为 1/17 000[1]，经推算可知该疾病可能影响约 8 万中国人。

ALD 是由位于 X 染色体上的 *ABCD1* 基因突变引起的，该突变导致极长链脂肪酸（VLCFA）无法正常代谢，从而造成神经系统中白质的逐渐丧失和肾上腺皮质的退化。顾名思义，ALD 影响肾上腺和中枢神经系统，造成诸多严重后果。特别是该疾病引起的进行性的"脱髓鞘"，会使患者逐步失去各种功能。脑型 ALD 的患者大部分在较短时间内完全瘫痪，甚至死亡。这种疾病 95% 的患者为男性，早期脑部病灶的头颅核磁影像看起来像一只"蝴蝶"，然而疾病的发展过程却相当残酷（图 2-1）。

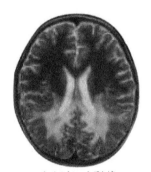
头颅核磁影像

蝴蝶

图 2-1　脑型 ALD 头颅核磁影像

更为不幸的是，ALD 目前尚无任何针对性治疗方式。在过去的 2022 年中，据亮点连接不完全统计，已有 20 余位各年龄段的病友因为该疾病逝去。ALD 患者群体迫切需要针对性的药物和疗法，延缓疾病发展，保留患者生的希望。

亮点连接曾经进行过 ALD 疾病严重性的调研，通过对 196 份有效问卷分析，有以下结论值得关注：①该疾病造成了 182 名（93%）患者不同类型的残疾，其中肢体残疾最普遍，造成 2 种（含）以上残疾的有 143 位患者。②有超过 75% 的患者因为该疾病失去了学习能力或机会，72% 的成人患者失业。③患者起病后，由于家庭照顾负担加重，家庭收入下降明显，起病前年收入低于 2 万元的家庭为 9.2%，起病后年收入低于 2 万元的家庭为 34.7%。④综合全部调查，ALD 疾病严重性的结论如表 2-1 所示。

表 2-1 ALD 疾病严重性的结论

评估方面	评分（0～10 分，分数越高越严重）
患者在身体方面的困难程度评分	9 分
患者在治疗方面的困难程度评分	6 分
患者在受教育方面的困难程度评分	8 分
患者在就业方面的困难程度评分	8 分（仅成人患者）
患者在婚恋方面的困难程度评分	5 分（仅成人患者）
患者在社会接纳方面的困难程度评分	6 分
照护患者方面的困难程度评分	10 分
家庭经济负担方面的程度评分	6 分
家庭精神负担方面的程度评分	8 分

引自：亮点连接罕见病关爱之家. 肾上腺脑白质营养不良（ALD）疾病严重性调研报告 [EB/OL].（2022-01-20）[2023-02-03]. https://ldconnect.cn/ald/chinese-ald-severity-report.html.

3. 患者组织推动 ALD 治疗药物的引进

亮点连接持续关注 X-ALD 相关的全球药物研发动态。2020 年有一个药物进入了视野，这是一家西班牙药企 Minoryx 正在研发的新药 Leriglitazone（中文名：来瑞格列酮），适应证包括了 ALD 的成人脊髓型和儿童脑型。该药是一种可穿透血脑屏障的具有疾病修饰能力的新型口服选择性过氧化物酶体增殖物激活受体 γ（pemxisome proliferator-activated receptor gamma，PPAR γ）激动剂。

当时肾上腺脊髓神经病（adrenomyeloneuropathy，AMN）正在进行 III 期临床试验，而儿童脑型 ALD 尚在进行 II 期临床试验。试验表明，该药物对于 ALD 患者病情的延缓和生活质量提高有明显的临床益处。亮点连接就此联系到曙方医药的患者关系部门和首席执行官讨论引进来瑞格列酮的可能性，并提供了《中国 2021 年 ALD 疾病严重性调研报告》，报告呈现了 ALD 的患者人口学、经济学、照护负担等定量和定性数据。经过双方多次沟通讨论，企业更全面地认识和理解了 ALD 患者群体的诊疗现状与未满足的需求，增强了开展临床开发、疾病管理、患者教育等后续工作的信心。

曙方医药很快联系了 Minoryx 讨论药物引进的相关事宜。曙方医药是一家专注于中国罕见病药物研发和商业化的创新型企业，之前就曾因为考虑洛伦佐油（ALD 特殊食品）的引进而联系过亮点连接，双方就 ALD 这种疾病的严重性和缺医少药的现状达成共识。曙方医药的产品策略主要考虑 3 个方面：一是看临床需求，候选药物是否解决患者未满足的需求；二是看患者获益，成本定价策略是否有助于提高临床可及性，市场策略是否有助于加速诊断治；三是看商业效率，产品能否在疾病领域形成产品组合产生协同效应。

在评估 ALD 潜在治疗药物 Leriglitazone 的引进时，同样遵循了上述原则。该疾病领域存在巨大未满足需求，疾病负担严重，潜在适应证 AMN 和儿童型 ALD 主要涉及神经科、小儿神经科与儿科内分泌等，均为企业重点关注的疾病领域，能够与现有产品组合在临床研发和商业化过程中形成协同效应。

2019 年 9 月，曙方医药宣布与 Minoryx 签署了药物引进协议，获得 leriglitazone 治疗 X- 连锁肾上腺脑白质营养不良（X-linked adrenoleukodystrophy，X-ALD）在中国内地、中国香港及中国澳门特别行政区的独家开发和商业化权益。

据了解，这是第一次在研的罕见病药物尚未上市就已经签约了中国区的引进授权，是罕见病患者组织和药企合作推动药物引进的成功尝试。待该药物在欧盟上市，企业就会开展后续的引进工作，患者组织也将会提供这个过程中监管层需要的患者数据和相关协助。这个工作预计将在 2023 年开展。同时，双方也正在合作推进 Leriglitazone 针对儿童脑型 ALD 的 III 期临床试验在中国的落地，希望能够提供包括协助招募在内的合作，以促进临床研究的顺利开展，让药物尽早惠及中国的 ALD 儿童患者。

4. 持续的患者参与带来更多患者获益

亮点连接作为一个新兴的患者组织，也是国内首个关注脑白质营养不良罕见病的患者组织，推动了 Leriglitazone 的引进，是组织发展过程中一个非常重要的里程碑。相信通过药物的引进，可以改变 X-ALD 患者无药可医的窘境，逐步改善患者的生活质量，提高生命品质。患者组织将会继续推进该药物的引进、上市，并为后续进入医保等工作做好患者端的数据准备，争取让 ALD 患者有药用而且用得起，相信假以时日，这些问题都会得到解决。目前 ALD 受到医疗界和社会越来越多的关注，基因治疗临床试验也已经开展。

正如亮点连接的口号——"连接亮点，点亮希望"，亮点连接始终认为患者组织在管理和服务好患者群体的同时，更需要发挥好连接各个利益相关方的桥梁作用，包括医疗机构、康复机构、监管部门、研究机构等。药物引进绝非某一方凭借一己之力就可以实现的，患者组织需要找到最合适的利益相关方开展合作，这需要患者组织始终保持学习力，持续提升疾病领域和公益领域的专业性，通过有效合作最终实现患者获益。

参考文献

[1] 罕见病诊疗指南（2019 年版）[EB/OL].（2020-05-14）[2023-01-13]. http://www.nhc.gov.cn/yzygj/s7659/201902/61d06b4916c348e0810ce1fceb844333/files/e2113203d0bf45d181168d855426ca7c.pdf.

案例 2.5　Dravet 综合征患者参与的实践与思考

赵　玲　王佳音

武田制药正在开发一款儿童癫痫候选药物，拟用于 Dravet 综合征和 Lennox–Gastaut 综合征。在全球多中心 III 期临床研究开始前，武田亚洲开发中心联合卓蔚宝贝支持中心于 2021 年 5 月共同举办了一场 Dravet 综合征患者家长线上顾问会议。此文将通过卓蔚宝贝支持中心和武田制药双方的介绍来阐述一次成功的患者参与事件是如何达成的，又产生了怎样的影响。

1. 患者视角下的参与：从 0 到 1 共创价值

"患者参与"成为 2022 年度药品审评指导原则的热门词汇，受到业界广泛关注。患者结局如何报告，以患者为中心的临床试验如何开展，如何组织患者参与药物研发……陆续出台的指导原则显示出监管决策对患者参与的关注，也为患者组织的专业化发展提供了方向。

作为一家年轻的患者组织，卓蔚宝贝支持中心（以下简称"卓蔚"）也开展了广义层面的患者参与实践，虽然还很早期，但也为尽早实践指导原则中的"患者参与"奠定了基础。本文将回溯这些"从 0 奔 1"的过程，分享患者视角下的所求与所得，以期增进相关方对患者组织的了解，为探讨如何更好开展患者参与活动和多方价值共创提供新鲜案例。

（1）参与的动机

Dravet 综合征是一种婴儿期起病的神经系统罕见病，主要临床表现是癫痫发作。目前市面上无有效治疗药物，通常靠多种抗癫痫药物、生酮饮食和迷走神经刺激术等方式联合控制发作，但国外有在研的基因修正药物。随时可能出现的持续发作威胁、漫长且需要贴身陪伴的干预过程，给患者家庭带来了沉重的精神负担和经济负担。

得益于医生的积累和互联网的发展，Dravet 综合征患者家长在各类社交平台形成了不同程度的聚集。因为同病相怜，素未谋面的家长间也能彼此信任、以心相托。在高频的交流中，共性的需求也会逐渐显露，其中期盼国外已上市药品和国内外在研药物尽快上市是最迫切的需求。

疾病的一粒沙，落在一个家庭身上就是一座山。当面对更加庞大的机构、体系和环境时，无力感常常会袭来。只有集合更多声音，形成清晰明确的合力，这些问题的解决才会有希望。通过学习总结国内外相关病种和代表性患者组织的优秀经验、研判政策走向与技术趋势，卓蔚把愿景定为"治愈 Dravet 综合征"。围绕愿景，卓蔚的使命确定为：传递疾病相关知识，推动研究进展，增加社会支持，从而对应患者群体的 3 项迫切需求：提升疾病管理水平、尽快获得更好疗法、改善社会融入程度。从解决问题的场景看，患者组织的工作聚焦3 个维度：第一个场景以患者为中心，即医生和其他提升疾病管理的相关方为患者提供知识、方法和工具；第二个场景以研究为中心，即患者和其他相关方支持医生、研究者等开展的研究工作，尽可能地提供人力和资源的支持；第三个场景以改善社会环境为目标，即各方意见领袖呼吁倡导，患者提供的数据和观点可以构成呼吁的有力支撑。患者组织的作用就是成为 3 个场景背后的黏合剂和促进剂。

（2）参与的尝试

卓蔚的早期工作主要是围绕患者的直接需求，但最迫切的需求是让更多家庭和医疗机构做好癫痫持续状态的急救。因此，卓蔚首项工作是发布关于癫痫持续状态的家庭急救指南与医疗急救协议，制作流程图、排版印刷急救卡，以便大家可自行申领学习或带给当地医生；为了提高大家获取信息的便利性，我们在官方群设置了随叫随到的小助理；同时我们也开通了微信公众号、搭建了网站，并在微博、知乎等平台发出了自己的声音；通过医生讲座、骨干重复、家长实践，让急救的方法牢牢印在家长们的脑海中。在患者群体内部，我们也动员了更多有能力、有意愿来自助助人的伙伴共同行动。这种形式类似于互联网的"众包"概念。翻译国外家庭照护手册时，家长们按章节分工，设翻译和编辑两种角色，背对背审校，最终成稿由医生审校。总结经验，拆分任务，寻找有执行力、有经验、有专业背景的志愿者参与，明确工作标准是项目高质高效推进的关键；而做好协调，搭建宣传、法务、财务、技术等基础支撑也至关重要。

因此，不断帮助更多患者成为自救的第一责任人，动员更多患者理解和参与到患者组织的工作中，开展更有效地自救行动，这是患者组织的核心课题，也是以组织形式实现患者参与的必要前提。

（3）参与的探索

带着自救行动累积的信心，我们希望能与更多相关方共同探索更多可能。因为改变现状其至治愈疾病都需要多方的共同参与。

观察发现，很多疾病管理的经验和思考如果能沉淀和转化，或许可以给相关方带来价值，而这些价值最终也会让患者群体获益。例如，研究即使不发烧、有感染就会出现的发作，或可提示疾病机制研究方面的思路；量化疾病负担和生存质量，或可为后续药物的上市和定价提供数据支持；开展能对标国际的自然病史研究，或可为创新疗法进入中国带来加速等。

作为患者组织，我们致力于成为医生的助手，帮助医生更好地传递疾病知识与急救信息，让患者掌握疾病管理的方法。同时，医生的科研、临床和学术活动等工作非常繁忙，我们要尽可能降低医生参与患者组织工作的门槛，创造更聚焦的高质量学术交流机会。2022 年 11 月，卓蔚主办了首届中国 Dravet 综合征家庭与专家国际研讨会，大会邀请了 20 位对 Dravet 综合征有着深入研究和丰富诊疗经验的国内外专家，围绕疾病的研究新思路和治疗方式的新进展话题展开分享，并探讨了国内后续研究的开展思路与计划。会上，专家们在自然病史研究、疾病负担调研、指南撰写等方面达成初步共识，并将后续学术工作推上新起点。而在临床专家们的交流和解读中，患者家长们也逐渐理解了科研工作的重要意义，对后续患者参与研究工作也是一种动员。

企业是患者组织的重要合作伙伴。患者组织可以为企业的产品线决策、临床试验等提供有益信息和助力，而企业也会给公益项目的推进和组织发展提供支持。一个价值共创的案例是跨国企业邀请患者代表参与的患者咨询会议。为优化新药的Ⅲ期临床试验方案设计，企业会邀请来自不同地域、有不同阅历背景的家长去评估和探讨临床试验实施的可行性和优化方案。通过会前培训参会者使用会议软件、会上介绍和交流试验方案、会后反馈对患者建议的听取情况等做法，企业代表认真负责的态度消除了患者代表的担心，也收获了患者组织的信任，而患者代表反馈的信息也对临床试验的顺利开展提供了帮助。

卓蔚对企业是开放的，如对于还没有计划来中国开展临床试验或药品注册的国外企业，卓蔚扮演了"传递国内鼓励罕见病药物开发政策趋势、介绍国内重点临床专家情况及患者需求"的角色。

我们也尝试过邀请企业开发针对孩子睡眠发作的可穿戴设备，从而改善家庭的生活质量。国外已有监测床垫、手表等多种产品，国内还是空白。尽管受众不限于癫痫患者群体、市场需求大，但最初联系的两家信息技术企业反馈并不积极。经过反思和交流发现，我们的需求是让企业开发能够报警的医疗器械，但为了注册，需要企业开展大规模的临床研究来调整参数，从而减少报假警和该报不报的情况，从而导致开发成本高、周期较长。为此，我们拆分需求、首先满足医疗级别的血氧心率监测，由企业开发阈值报警功能，把对异常判定的标准交给更熟悉孩子静息状态的家长。最终，需求得到了一家医疗器械企业的支持，因为企业长期从事心率血氧监测，他们不需要从零研发硬件，而是在现有设备技术上，仅升级程序就可以满足我们的需求。找对企业、简化需求，是这次患者参与实践的宝贵经验。

随着患者组织的工作内容从社群内部扩展到外部的研究、倡导，患者组织也需要不断成长。成长既包括放下敏感、超越成见、相信自己、不断学习，也包括理解社会运行的规则，以及应用数据等方式高效地传递需求与声音。为此，我们探索开展了卓蔚宝贝护航调研，摸排患者群体在就医、用药、急救、康复、求学、再生育、社会支持等7个方面的迫切需求。根据需求确定患者组织工作推进的优先级，群体的期待也会进一步转化为患者组织发展的原动力。

回顾卓蔚的种种患者参与方式，我们一直保持对情绪宣泄的克制，也时刻警惕道德绑架的可能。因为我们深信，患者参与本身是有价值的，患者组织的责任是让价值充分呈现出来。从药物研发这一科学过程来看，临床价值和患者结局的判断最终要回归到患者，所以患者参与是一种被动的必然；但从患者组织的角度来看，患者参与是一种主动的选择：它是沉溺于疾病苦海家庭能抓到的一块小舢板，需要在各方的支持和呵护下不断发展，最终共建成抵达治愈彼岸的方舟。

2. 企业视角下的参与：Dravet 综合征患者家长顾问会议

（1）以患者为中心的创新研发模式

武田始终坚持以患者为中心的价值观。我们的目标是转变研发文化，将患者的需求融入研发过程中，以确保我们开发的药物对患者真正有价值。目前，武田 30% 的临床研究组已经制定了患者参与计划（patient engagement plan, PEP），有意识地倾听患者并了解他们的需求对药物开发战略是至关重要的。

正是本着这样的理念，即使武田研发总部已经就这款儿童癫痫候选药物的Ⅲ期临床研究设计咨询了美国当地的相关患者组织，作为武田全球研发重要引擎之一的武田亚洲开发中心，出于不同地域患者的实际情况存在差异的考量，如Ⅲ期临床研究方案中使用的电子日记从未在中国展开的癫痫相关临床试验中使用过，因此提出了在中国与患者组织合作开展患者参与的计划，目的是让该Ⅲ期临床研究方案在中国顺利地执行，并确保研究数据的准确收集。

（2）项目的设计和执行——真诚、专业、不畏困难

为了这一目标，武田亚洲开发中心计划开展一次患者家长咨询会，倾听患者家长对症状控制的期望、了解患者家长是否可以正确区分并报告癫痫发作的类型，并收集他们对电子日记的看法。有了这个想法之后，武田亚洲开发中心与卓蔚开始沟通合作开展 Dravet 综合征患者家长顾问会议的提案。虽然之前有国外的经验分享的案例（在药物研发过程中企业与患者开展互动，从而完善研究方案设计、促进研究开展），但国内鲜有实践，所以企业如何和患者有效互动可能会是难点。正是考虑到这一现实情况，在讨论合作方案之初，武田亚洲开发中心就与卓蔚负责人进行了充分的沟通，包括整个研究设计阶段对患者需求的考量、组织患者家长咨询会的目的、患者代表的选择、如何保护患者隐私及确保整个合作的合规性等，并分享和分析了相关的国外案例。

武田全球研发在制定和开展患者参与计划方面积累了大量的实践经验，并且内部设有明确的合规标准。所以武田亚洲开发中心与全球研发就此次患者家长顾问会议的安排进行了充分的沟通，事先准备并明确了合规标准、参加咨询会的患者招募标准，以及如何保护患者隐私等，如本次会议的组织工作委托咨询公司，确保武田不会直接接触患者信息，避免了之后参与临床研究可能产生的利益冲突。

正是由于国内鲜有患者参与药物研发过程的实践，患者对于参加咨询会和临床试验招募是否是一回事存有疑问，所以如何帮助患者理解为什么要在临床研究前召开咨询会就显得非常关键。卓蔚展现了很强的包容性和专业性，为了配合患者家长的时间，他们特地选择了在周末向家长发布此次咨询会的邀请及招募问卷，并设专人一对一地和家长沟通，一一回应家长们提出的疑问。在卓蔚的努力下，10 天内共回收了 27 份招募问卷，最终根据招募标准邀请了其中 9 位患者家长参加了咨询会。出于疫情原因及患者家长需要照顾患儿的考量，咨询会议采取线上的形式。

（3）启发与感悟

此次患者家长咨询会让武田亚洲开发中心收获良多。首先，从结果上来说，我们收集到了来自患者的直接反馈，使得临床研究方案在中国的执行更具可操作性。同时通过此次咨询会收集到的患者声音不仅对药物研发方案，而且对于之后的产品开发也具有积极的借鉴和参考意义。

此外，此次患者家长顾问咨询会充分体现了患者组织作为患者和企业之间必不可少的桥梁作用。对于大多数患者而言，企业（被塑造出）的形象通常是"逐利"的。企业接近患者，患者的第一个担心是：是不是要推销产品？面对企业，患者本能的反应是防备和警惕。而由患者组织作为桥梁向患者说明参与项目的意义和参与方式更容易被患者群体所接受，从而患者的参与度也更高、更有效。事实上，武田亚洲开发中心初期的计划是就 Dravet 综合征和 Lennox-Gastaut 综合征各组织一场患者家长咨询会。但是在筹备 Lennox-Gastaut 综合征患者家长咨询会时，由于没有相关成熟的患者组织可以合作并向患者群体进行发布和说明，患者家属对患者参与临床研究讨论这一新鲜事物不熟悉，甚至有一部分家长持怀疑态度，难以通过医院端或简单地微信发广告招募到患者家长作为顾问参会。最终由于未能招募到患者家长，举行 Lennox-Gastaut 综合征患者家长咨询会的计划以失败告终。

作为患者组织，卓蔚对此次合作给予了积极的反馈："此次会议的成功开展有赖于组织者的细致筹备、对于患者的平等尊重，以及双方拥有共同的目标。患者咨询会是促进企业和患者高效沟通的方式，通过此次会议，加深了患者对企业的了解，感受到了企业对于患者的初心，从而增进了双方之间的信任。"

会后，参加此次患者咨询会的部分家长更是表达了他们最为真挚和直观的感受，如一位患儿的妈妈反馈："总体感觉很好。企业的老师很专业，也很耐心细致，提问贴合实际生活，很多都是日常中遇到或经历过的真实场景，如会不会记录孩子的发作；对参与临床试验的具体问题如何看待；实际操作中会有哪些可能的问题和困难等。在听到了家长给出的一些疑问、疑虑和希望采取的解决方案时候能换位思考，十分尊重患者的观点，充分体现了以患者为先的理念。这个顾问会的成功相信会为以后的医患相关方的合作开个好头。它印证了患者组织参与临床研究的可能性、优越性，也大大推动了各方对于合作探讨的积极性。对企业来说，它降低了这项工作由自己完成带来的经济时间成本。而患者组织在做这个工作的时候更加的精准便捷和迅速，他们能够快速的直达患者，且患者相信并依赖患者组织的参与。所以患者组织的参与为合作打下了良好的基础。"

这些来自患者代表和患者组织的肯定更是坚定了武田亚洲开发中心继续和患者组织展开合作，倾听患者并了解患者的需求，更早地将中国患者的需求融入临床研究方案的设计中去，加速开发对于中国患者真正有价值的创新药物。

第三章
药物准入阶段的患者参与

一、概述

夏　艳

本章将着重探讨目前患者及患者组织在药物准入阶段正在发挥的及未来可以进一步发挥的重要作用。此处的市场准入更多指向其狭义的定义，即改善药品可支付性及可及性的相关阶段，通常这一阶段的工作包括医保准入（如国家医保准入及近年来兴起的城市定制型商业保险准入）及渠道准入（如招标采购、医院及药店准入等）。

基于对目前行业现状的观察，患者参与较多的是与药品医保准入相关的工作，这将是本章阐述的重点。我们将患者可能参与的形式归纳为直接参与及间接参与，直接参与更多指患者直接发声，进行政策倡导，甚至参与到整体评审流程中，间接参与指患者提供相关数据、参与调研从而助力到医保准入所需证据的形成，间接支持相关决策。同时，本章也将基于特定治疗领域如罕见病所面临的挑战及患者组织可发挥的重要作用对未来进行一些探讨及畅想。

（一）药物准入中的患者间接参与

与临床疗效及安全性证据产出一样，医保准入相关的价值证据产出同样是一项较为长期、复杂且严谨的工作，因此大多在产品上市前 24 个月左右即开始规划，18 个月左右即开始实施执行。通常包括疾病负担研究、成本效用研究及预算影响分析等，根据药品及疾病领域特点可能还会涉及患者偏好研究等。在这些研究及证据产出的过程中，患者参与几乎都是非常重要的一环，也是患者间接参与药品生命周期准入阶段的主要方式。

1. 患者参与疾病负担研究及社会经济价值研究

（1）什么是疾病负担研究？它解决药物准入阶段的什么问题？

疾病负担研究包括流行病学负担及经济负担等，通常是为了真实客观地反映某个疾病目前的治疗现状及未满足需求，对于医保而言，可解决其目前已经在该疾病上花了多少钱、达到了怎样的效果、患者是否满意等问题；对于企业而言，是全面理解疾病领域诊疗现状、患者真实需求及证明其产品差异化价值的基础；对于患者则是全面、系统、定量化地向社会公众及相关方反映其生存及治疗现状，从而对基于患者群体利益诉求进行有效呼吁，如创新药物早日上市、有效治疗药物早日获得医保准入、能更方便地获得标准化治疗及用药等。

（2）患者参与疾病负担研究的实践案例

基于疾病负担数据对各相关方的重要意义，我们看到早在 2017 年像淋巴瘤之家等具有前瞻性视野的患者组织已经开始了数据积累及应用的相关探索，与相关方一起发布了淋巴瘤患者生存状况白皮书，后续又发布了《2020 中国滤泡性淋巴瘤患者生存状况白皮书》等。如果说淋巴瘤系列白皮书更多聚焦于患者本身，体现丰富的患者诊疗、就业、心理等生存状况及定量化数据的产出，那么蔻德罕见病中心与中国法布雷病友会发布的《中国法布雷病社群视角下的诊疗和政策洞察报告》则把视野放到整个疾病领域，包括临床诊疗、用药保障、病友组织发展历程及医疗保障相关现状，这些案例具体可见本章相关的案例分享部分。

（3）疾病负担研究的呈现形式有哪些？一般包含哪些主要内容？

疾病负担研究也常以患者生存状况白皮书、患者生存报告、患者生存质量调研的形式开展及呈现。从内容上一般会涵盖患者基线情况，患者或照护者的就业或误工、误学情况，患者的就诊断治疗情况、相关的直接医疗及非医疗支出、生命质量、对新治疗药物的期待及患者心声等内容。

1）性别、年龄、身高、体重等患者基线数据可用于突出相关患病人群在中国的实际特点，如更早的中位发病年龄等，从而可能带来更大的社会负担，形成相关治疗方案的本土化价值故事。也可基于反映出来的实际患者身高、体重数据计算同领域药品包括研究药物或其参照药物的实际用量及费用，支持其他经济学评价，并产生相应证据用于医保评审或支持其他准入需求。

2）患者或照护者的就业或误工误学情况，一方面是患者群体及家庭真实生活写照非常重要的一面；另一方面也属于疾病相关的间接成本，是计算社会角度下的成本效果研究结果的必要参数；更可考虑结合平均收入水平及药物疗效数据等进行药品相关的社会经济价值研究，将临床获益如中位无进展生存期的延长转换成更少的生产力损失及相应有偿及无偿工作时间的增加，进而折算成相应的经济价值，从而更全面地反映相应治疗手段的价值。

3）患者的就诊诊治疗情况一般会包括治疗方案的分布、相应的治疗费用等，对于一些治疗较为复杂、治疗方案众多或未有明确诊疗指南的疾病领域，通过疾病负担研究收集形成该领域患者的治疗成本，从而支持后续药品相关成本效果研究是一种比较有效的方案。相较于通过医院数据库分析或医生调研，通过患者组织或患者调研进行的费用收集，有时更能反映不良事件及家庭照护（包括护理器具购置等）相关治疗花费，且研究成本一般相对更低。

4）生命质量可采用普适性的欧洲五维健康量表（European quality of life 5-dimensions，EQ-5D）、六维健康调查简表（short form 6-dimensions，SF-6D）或健康效用指数（health utilities index，HUI）量表，产生的结果可用于相关药品的成本效果研究，也可用于跨疾病领域的比较；也可考虑采用疾病特异性的量表，在本疾病领域，患者对不同健康状态的反应会更加敏感，能更好地反映该疾病领域患者的偏好。

5）对新治疗药物的期待和患者心声可成为后续药品价值故事的基础，只有符合患者期待、解决患者实际未满足的需求，药品才有其真正的价值。

（4）调研手段的进步带来了哪些可能性？

近几年，调研的方法和方式也开始更多借鉴现代化的手段，如问卷星、问卷网等电子问卷平台，甚至有患者组织也在积极探索基于 APP 应用平台的数据积累及管理手段。我们不禁畅想，未来基于这些现代电子化的手段，是否可以形成更为系统化的、可持续的数据收集及维护管理，让相应的疾病负担研究不再是一些一过性的点状的生存状态反映，而是一组有时间长度的"画卷"展现。患者在准入阶段参与挖掘相关数据的价值值得继续探索。

2. 患者参与成本效用研究

（1）成本效用研究又是什么？它在药物准入阶段起到什么作用？

成本效用研究，是反映一种新的治疗手段相比原有治疗方案带来的额外健康获益（即效用）与额外花费（即成本）的比值，我们可以通俗地把它理解为是一种药物相对于其参照品的性价比。医保方在考虑是否纳入一种新药时，需要权衡资源配置效率，即新纳入的药品值不值得所投入的这部分医保资金，钱是否花在了刀刃上。因此成本效用研究相关的证据在药物准入阶段有着非常重要的地位及作用，它是医保评审资料重要的组成部分，也是相关专家评定新药医保支付标准的重要基础。

（2）成本效用研究涉及的重要指标有哪些？它们与患者有什么关系？

在成本效用研究中使用的反映健康产出或健康获益的指标，既不是血压、血糖这样的疾病中间指标，也不是一些疾病特异性的终点指标，而是可以同时反映患者生命长度与质量改善的不受患者罹患疾病种类影响的通用指标，即质量调整生命年。这个指标很重要的一点是可以跨疾病领域进行药品比较，满足了医保方需要在跨疾病领域药品中进行权衡和选择、纳入那些"值得"药品的决策需求；同时更重要的是，这个指标通过"健康效用"将临床指标上一些冷冰冰的数字（数字变化到底对于患者意味着什么、有没有实际的价值反映）实现了从疗效到效用的转换，而这个过程中患者的意志、感受、偏好是最为重要的一环，因此患者参与在健康效用的确定上有着至关重要的作用。

不难理解，基于社会文化、医疗体系等各方面的不同，不同国家地区的患者对相同的健康状态会有不同的感受或偏好，因此"健康效用"是有地域差异的。对于一个新药而言，如其原有的效用值更多是基于非本土人群得到的则需要进行本土效用值的转换，这可以通过技术手段实现（但前提是有学者进行了涉及大规模人群调研的基础研究），或者直接在本土患者中重新进行生命质量相关的调研甚至直接测量偏好，得出本土化的健康效用值。

成本效用研究中需要的成本参数包括直接医疗成本、直接非医疗成本及间接成本，其中直接医疗成本既可以通过患者参与的方式收集，也可以通过医院数据库分析或医生调研的方式收集，而直接非医疗成本及间接成本最好的收集方式就是通过患者参与的方式进行。这部分在前文疾病负担研究处有涉及，此处不再赘述。

3. 患者参与预算影响分析

预算影响分析同样是药物准入阶段重要的研究之一，可以解决支付方无论是医保还是惠民保或商业保险关心的问题，即纳入相关药品会花掉多少钱，占用多少预算。在有限的预算下，如一定医保基金总盘，不可能纳入所有的治疗手段或药物，此时就需要从预算限制的角度看，固定预算下能纳入哪些，或在有限预算下，相关药品需要降价多少才能符合预算限制，纳入保障。

（1）患者如何参与流行病学数据的积累及校准？

预算影响分析中有非常重要的一环是流行病学数据，简单来说就是需要算清有多少研究药物适用的患者，流行病学数据最理想的状态是有相关的基础研究文献作为数据来源，但在我国相关的患者登记系统或医院数据库尚不完善，肿瘤领域有国家癌症中心的抽样登记数据，已经属于有相对可靠的数据来源了，但2022年时也只能看到2016年的数据，有时效性的问题。而其他众多的疾病领域还缺乏相应的登记数据，尤其是缺乏罕见病领域流行病学数据。而就罕见病领域而言，因为经常缺乏参照药物，从成本效用角度的评估能发挥的作用有限，预算影响的重要性往往更高，此时患者组织就对更精确地估计患者群体起到了非常关键的作用。同时，一般文献只能支撑相应的发病及患病率的检索，很少有关于就诊和诊断率的数据，这部分只能通过医生调研或医院数据进行估计，或者通过患者组织的数据进行估计及校准。

尽管通常情况下，患者组织也不能触达全国所有的患者，但可根据一些触达情况较好的区域数据反推相应理论计算人数的可靠性，或是将患者组织可触达的群体视为一个整体人群的抽样（当然需要考虑和讨论是否存在系统偏移），根据这部分抽样人群中一些亚型或亚组患者的分布等，支撑对不同亚型或亚组患者不同就诊诊断率的估计。

（2）罕见病领域的患者参与还能在哪些方面助力药物准入及患者可及？

进一步设想，像在罕见病这样患者群体有限、分布情况不详的领域，如果通过患者参与可以更清晰地了解患者群体的数量及分布，是否能够支持相关企业更精准地预估供应链、供货数量及排期时间（通常药品生产供应排期时间都非常长，一年左右的提前量并不罕见），避免罕见病药品因供货量少，预估不准造成的断货或因近效期而销毁药品造成的浪费，并且更好地设计药品的渠道铺货。罕见病药品因患者较分散又常常需要长期用药，如何做到患者需要用时能就近及时取到药，又不会因为在某个区域备货过多造成浪费或其他区域货源紧张是摆在罕见病药品渠道排布面前的难题；同时，是否能帮助政策制定者在进行政策顶层设计或资源排布时，做到心中有数，更合理地设计诊疗网络或保障资源的分配。期待患者参与未来在这些方面也能发挥更大的作用。

4. 患者参与患者偏好研究

除了疾病负担研究、成本效用研究及预算影响分析这几项在药物准入环节较为常见甚至是必需的研究分析之外，还有其他一些可更全面反映药品价值的研究，虽不是目前准入环节中必需证据，但可以补充上述 3 项研究的一些盲点，也建议根据疾病及产品特点考虑开展，如前文提过的社会经济价值研究，及下文将稍作展开的患者偏好研究。患者偏好研究通常反映的是患者在不同治疗选项间的偏好（即更倾向于选择哪一种方案），不同的治疗选择将由一组特征来描述，如疗效、费用、剂型或给药方式等。患者偏好研究能给到患者相对更全面的信息，从而也更深入具体地反映患者在做出选择时的考虑因素，如剂型差异带来的不同患者偏好等，因此企业除了应关注药品临床数据之外，还应从患者角度全面平衡产品的价值。具体可参考本章后续相关案例。

（二）药物准入中的患者直接参与

患者在药物准入阶段的直接参与，理论上是否纳入相关药品进入保障范围的决策本质上是医保方代替参保患者完成的一个决策，使用的医保资金相当一部分来源于参保患者，政策最终受益人也是参保患者，因此患者（代表）以合适的方式直接参与到决策或评估过程中有其合理及必要性。

1. 患者直接参与的国外经验

目前相对先进或成体系的是在其他国家或地区看到的一些案例，如英国或中国台湾地区等。这些国家或地区在就医保准入为目的的卫生技术评估过程中通常会邀请患者代表通过参与到评估或决策委员会或提交相关建议报告，倾听从患者角度对于相关药品价值及是否纳入保障的意见和建议，直接参与最终是否纳入建议或决策的形成。

例如，一款口服罕见病治疗药物在欧盟获批 2 个月后获得英国国家健康与临床优化研究院（National Institute for Health and Care Excellence，NICE；英国的独立第三方卫生技术评估机构）的初步评估建议，NICE 的初步结论并未建议该药物纳入英国国家健康保障体系（The National Health Service，NHS），主要原因是对于药物缺乏长期获益数据及其成本存在顾虑。按照流程，患者（组织）、照护者、医疗从业人员及其他非营利机构等可以在 NICE 发布初步建议后 20 天左右的时间内对其初步评估结论提出自己的意见和建议 [1]。

因此患者组织基于 NICE 的初步评估撰写了建议函，并且敦促所有利益相关方和他们一起在约定时间内向 NCIE 反馈建议。其中一家在 NICE 官方咨询名单中的非营利机构表示，他们对 NICE 的初步评估意见非常失望，因为该评估药物对于相关罕见病患者而言可以说是一个改变命运的药物。他们将和患者组织一起策划相关活动来传达那些收到 NICE 这项评估建议影响最大的人们心声，并强烈建议更多的人针对 NICE 初步评估公开征询意见来反馈他们的看法。

患者组织也同步敦促 NICE、NHS 及相关药物的生产企业应该尽快共同推进一个更有成本效用优势的方案来扭转 NICE 的初步评估意见。在收到各方建议后的 2 周，NICE 又进行了一次评审会，综合考虑新的价值证据、听证报告及咨询方建议，从而为确定最终的评估建议做准备。

最终，4 个月后基于患者组织等各方建议，同时考虑到该药物的口服剂型优势、改善运动功能方面的疗效，以及在部分亚型患儿上可能带来的生存获益，NICE 最终改变了他们原有的评估意见，建议该药物纳入健康管理协议，患者使用药物可以获得报销，并同步收集更多的数据，为未来决定是否纳入常规管理提供更多的依据。在包括患者（组织）等在内的各方努力下，英国的 1500 名相关患者最终将获益于这项决定 [2]。

2. 患者直接参与的国内实践

（1）常见的患者直接参与有哪些？

国内目前药品国家医保评审的流程中尚未纳入患者直接参与的相关设计，以往更多是从患者角度自发参与，反馈现有保障体系下相关疾病负担及未满足的需求，呼吁有效治疗药物的纳入等。例如，蔻德罕见病中心联合广东省医学会罕见病学分会于 2021 年发布的《广东省罕见病患者生存状况及疾病负担调研报告》，该报告"揭示了广东省罕见病患者，尤其是需要高值药治疗的罕见病患者的生存状况和疾病负担，分析了目前广东省罕见病防治和保障工作的现状及患者所面临的主要困境，为完善广东省罕见病防治和保障、改善患者生存状况、减轻疾病负担提出相关建议，并为建立广州乃至全国罕见病用药保障机制提供了重要参考"，具体详见本章案例部分。

另一种常见形式是在相关治疗药物准入后，包括国家基本医保准入，补充层的保障政策及各地"惠民保"的准入后，很多患者组织也会自发组织对于各地最新报销政策的收集和解读，帮助患者正确理解相关政策并更好地享受到相关政策的福利。

（2）患者直接参与方面有哪些新的探索？

近年来，从学界和患者组织的角度都对患者如何更好地参与评审或决策过程有一些非常好的尝试和探索，如北京大学医学部、复旦大学公共卫生学院的专家和淋巴瘤之家共同合作翻译了国外 80 多位专家合著的《卫生技术评估中的患者参与》一书，将国际上对于患者参与卫生技术评估的基本原理、具体方法及一系列评估机构及利益相关方的实际案例引入中国。四川大学华西药学院研究团队在研究如何利用多维度准则决策框架进行罕见病药品评估支持准入相关决策，在评估框架应包含的维度及所占权重的设计过程中引入了患者组织代表会同临床、医保及药物经济学专家一起参与讨论、发表观点。又如，新阳光慈善基金会正在尝试设计并试点的药品卫生技术评估及评审流程，也计划借鉴参考其他国家做法，引入患者在流程中的直接参与并影响最终决策。

我们在国内一些地区也看到了相关政府部门与患者群体保持着非常良好的沟通和互动，政策制定者在出台相关政策前，邀请患者（代表）参与研讨，给予患者群体理性发声、表达诉求及建议的通道，也为政策的制定和完善提供了非常重要的患者视角。希望各方的探索及实践，能为未来患者在卫生决策或药物准入阶段更多地直接参与寻找到符合中国特色的路径。

从 2012 年开始的十年可以说是中国药物准入环境大变革的十年，以其中非常重要的国家医保评审制度的改革为例，从首次国家层面的创新药物谈判，到将药物经济学评价纳入医保评审体系并逐步成为决策的重要依据，再到国家医保目录动态调整机制的逐步成型，可以说我们国家的药品医保准入评审正在朝更加科学化和成熟的方向迈进。以患者参与为基础形成的相关证据在评审体系中起到越来越重要的作用，我们也期待未来的准入评审及决策流程中有更多患者直接参与的机会。在政府、行业、患者共同的努力下，使得中国药物准入的环境能更加完善，更符合中国患者需求，也为中国患者能及时、持续享有全球医疗创新同步带来的成果提供更好的可能。

参考文献

[1] SMA news today. NICE Initially Against Adding Evrysdi to UK Public Health System[EB/OL].（2021-06-04）[2022-04-16]. https://smanewstoday.com/news/nice-initially-against-adding-evrysdi-sma-uk-public-health-system/.

[2] NICE National Institute for Health and Care Excellence. NICE draft guidance recommends new treatment for spinal muscular atrophy as part of a managed access agreement[EB/OL].（2021-11-09）[2022-04-16]. https://www.nice.org.uk/news/article/nice-draft-guidance-recommends-new-treatment-for-spinal-muscular-atrophy-as-part-of-a-managed-access-agreement.

二、实践案例

案例 3.1　淋巴瘤领域疾病负担及社会经济价值研究

甄碧泓　夏　艳

近年来，医药行业逐步意识到在"以患者为中心"理念的指导下，通过患者参与推进相关医药创新的重要性。可以看到在临床研究中有很多以患者自报结局为终点的方案设计，在药物准入阶段也有更多患者的直接发声及参与，通过患者群体积累相关数据，支持相关经济学评价所需证据的产出。

本篇聚焦淋巴瘤领域，从患者组织积累数据的前瞻意识谈起，阐述持续积累相关疾病负担数据的经验（包括如何对患者生存数据进行迭代），并进一步分享将数据应用于社会经济价值研究及创新药物准入证据的产出、助力医保纳入并最终回馈患者的真实案例。

该案例中包含众多细致且具有实操性的建议，是各方多年共同合作的宝贵经验，希望可以给读者带来启发，也希望越来越多的相关方意识到患者参与和"以患者为中心"进行数据积累及证据产出的重要性，愿意共同参与、贡献、推进相关工作，从而带来此领域更进一步的发展。

1. 前瞻意识，开启患者组织搜集数据信息的先河

在我国，早期的患者组织通常致力于患者间的信息共享及心理关怀，一些具有规模的患者组织甚至可以为患者提供物质资金资助。但随着自身运营及可持续性的发展要求，如何真正发挥"组织"的力量为患者提供更有力及亟须的支持，如何解决病友们共同面临的问题，成为患者组织在发展过程中必不可少的思考。带着这样的思考，我国的患者组织群体也在不断地迭代进化。随着数据的价值及力量逐渐突显，近年来不少患者组织意识到了这一点并开始积极地探索和实践，淋巴瘤之家就是其中的典型代表。

淋巴瘤之家成立于 2011 年，是国内唯一覆盖全国范围的淋巴瘤患者在线社

区。同时，淋巴瘤之家积极与国际淋巴瘤患者组织沟通，这不仅帮助淋巴瘤之家很早就意识到了数据的重要性，也意识到患者自主报告的数据与临床试验中的观察性数据同样可贵，同时也坚定了其希望持续收集中国淋巴瘤患者数据的决心。自 2017 年开始，淋巴瘤之家连续开展中国淋巴瘤患者生存数据收集整理工作。2019 年开展的患者生存调研，涉及 4816 名患者及家属参与。该调研历时 4 个月，数据完备，患者组织第一次从患者角度定量化的数据分析反映出患者的生存状况及疾病负担。

2. 跬步千里，积累淋巴瘤患者生存数据关键经验

保持患者组织中患者的活跃度也是数据搜集完备的重要条件。理论上组织内的患者规模越大代表性越好，而活跃度能保证数据反馈的时效性及有效性，持续的互动则有助于积累长期数据，为研究趋势变化带来可能。例如，淋巴瘤之家社群中的滤泡性淋巴瘤患者及家属整体约 1000 名，参与到 2019 年调研中产生有效数据的就有近 600 名，也从侧面说明了患者组织与患者群体联结的紧密程度将很大程度上决定调研的可行性及获取的数据质量及价值。

除了患者活跃度外，基于淋巴瘤之家多次开展患者调研的经验，在数据收集时有两个关键点特别值得借鉴。

第一，是调研时考虑到了覆盖不同的病种分型，为后续聚焦于某个分型的研究奠定基础，尤其是一些发病率绝对值较低的亚型，如能有相关数据积累对后续的研究来说将极为宝贵。例如，滤泡性淋巴瘤属于恶性淋巴细胞增生性疾病，其发病率仅占所有淋巴瘤的 5.5%，而在 2019 年的淋巴瘤患者生存调研中却涵盖了 591 名滤泡性淋巴瘤患者的数据。

第二，是考虑到了不同年龄分层的数据收集。一些公开的统计数据，如卫生统计年鉴等通常有分年龄段的数据，若调研中也能匹配类似的年龄分段数据，有助于调研数据和公开统计数据的联合使用，提升数据应用价值。2019 年的调研数据完备，可以清晰地进行年龄分层，从而统计不同年龄段患者及其家人因病误工及损失的家庭内无偿劳动的情况，并匹配人均收入等公开统计数据进行相关测算。

上述两点要求在调研设计阶段就应考虑到后续调研产出的数据可用于不同研究目的的延展性，从而基于社群内活跃病友的实际情况，尽可能保有不同病种分型或年龄分层足够的样本量。当然覆盖的亚组越多，调研所需的整体样本量就越大，需要的资源和调研时间，以及后续汇总分析的时间精力也越多，实际执行时就需要进行各方面的权衡。因此建议与有丰富研究经验的高校研究团队、企业药物经济学、医学团队，以及有经验的患者组织进行交流、共创。

3. 数据挖掘，创新药物降低疾病复发的社会经济价值得以凸显

通过挖掘患者调研积累的生存现状及疾病负担数据，很多时候还能赋能相关领域的其他研究，社会经济价值研究就是其中之一。

社会经济价值研究通常能反映除了临床指标或直接医疗相关的疾病负担之外某种治疗手段/干预方案所能带来的对于患者家庭或全社会的价值，特别适用于那些会带来沉重家庭照护或社会负担，但应用有效治疗方案后可明显降低相关负担或减少相关损失的疾病领域。

例如，滤泡性淋巴瘤属于惰性淋巴瘤亚型之一，病程漫长且目前无法完全治愈。在目前的标准治疗下仍有近一半的患者会在 10 年内复发或死亡，其中 20% 的患者会在 2 年内发生早期进展[1]。多数滤泡性淋巴瘤患者会经历反复复发，且每经历一次复发，治疗难度进一步加剧，复发病程不断缩短，给患者带来了极大的疾病负担，进而可能造成更严峻的家庭与社会影响。

滤泡性淋巴瘤患者深受疾病反复进展的困扰，怀有对复发的恐惧，较难回归正常社会生活。同时，频繁处于疾病进展阶段，一方面会影响本人及其照护者的正常就业，出现误工误学甚至失业待业的情况；另一方面也会影响其日常生活包括家庭劳务时间。让患者进一步减少复发，获得长时间更高质量的生存是滤泡性淋巴瘤患者最为迫切地希望。而传统治疗尚无法满足实际临床所需，创新药物与创新型治疗方案为改善滤泡性淋巴瘤患者的预后、减少相关社会生产力的损失提供了新的可能，因此该疾病领域的社会经济价值研究意义深远。

4. 携手共进，首个中国患者滤泡性淋巴瘤社会价值研究发布

欧洲国家对惰性淋巴瘤的社会影响研究也在持续进行且日渐成熟。早在 2018 年，德国就开展了针对滤泡性淋巴瘤患者的研究。研究发现，含创新药物治疗方案的引入可以显著提高患者无进展生存期，使患者可以更好地回归日常生活及参与生产。该研究通过量化患者使用含创新药的治疗方案后对比传统化疗方案对生产力回归的提升，结果显示，2017—2030 年，德国所有预期的新发滤泡性淋巴瘤患者的总体生产力回归可能达到 7.238 亿欧元，包括有偿工作和无偿劳动的生产力，如料理家务或儿童照看 [2]。

在我国相应的研究此前进展缓慢。2020 年，治疗滤泡性淋巴瘤的首个人源化 CD20 单抗在中国获批前夕，基于疾病特性及创新药物带来的获益，淋巴瘤之家与天津大学、哈尔滨第一医院及罗氏制药合作，探索创新治疗药物的临床获益可以带来怎样的社会经济价值获益。

（1）社会价值研究的核心要素是什么？

首先，对既往中国淋巴瘤患者生存状况调研滤泡性淋巴瘤患者亚组数据进行分析，可以发现中国滤泡性淋巴瘤患者较欧美人群相比更为年轻。如果可以让患者维持更长的疾病稳定时间，意味着更多患者可以在这段时间回归社会和家庭，从而从全社会层面降低劳动力损失，带来相应的经济价值。

其次，研究的核心在于，需要将创新药物在临床上带来的无疾病进展时间产生的额外获益转换为中国患者可带来的有偿工作时间和无偿劳动时间的提升。这就需要基于本土的患者调研数据才能做到，进而实现将定性的创新药物基于疗效获益可带来的社会经济价值进行定量化的测算。

具体来说，基于德国的社会经济价值研究模型，结合创新药物的临床试验数据，可以得出对比传统治疗方案，创新方案带来的无疾病进展时间的延长。根据本土患者调研中显示的法定退休年龄前患者的就业、失业、误工等数据，结合国家统计局时间利用调查中分年龄段的无偿活动时间（包括家务劳动、家人照护等），将无疾病进展时间的延长转换成滤泡性淋巴瘤患者在有偿工作和无偿劳动时间方面的获益。再基于社会劳动生产率（productivity of social labour，GVA）投入、市场平均家务及看护时薪等参数，将有偿工作及无偿劳动小时数转化为货币价值。从而最终实现将创新药品带来的无疾病进展生存方面的临床优势转化为活动和生产力提升及社会经济积极影响的转换。

（2）社会价值研究结果如何？

研究发现，对比传统治疗方案，新一代创新药物对初治滤泡性淋巴瘤患者的医疗成本及疾病带来的生产力损失均有所减少。模型预测从 2020 年至 2030 年将有约 60 000 名滤泡性淋巴瘤患者接受治疗。使用新一代治疗方案，我国社会可获得 24 749 年的总体无疾病进展生存年的获益，相当于 12.92 亿元人民币有偿工作和 6.56 亿元人民币无偿劳动的社会总生产力收益 [3]。由于劳动力市场参与度及法定退休年龄的不同,男性患者的直接有偿工作收益提升高于女性患者,而女性患者通过家务劳动和家庭照料获得的非正式劳动(即无偿劳动)收益更高。由此可见,应用创新治疗方案,滤泡性淋巴瘤患者可获得更长的无疾病进展时长,并在无疾病进展期间回归正常生活、工作,投入社会生产,产生巨大社会经济价值,获益显著。

基于中国本土患者调研数据完成的这项社会经济价值研究,极大丰富了相关创新治疗药物的价值内涵,从仅仅关注患者本身在临床疗效方面的获益,提升到了对于相关家庭及社会的整体获益。该研究成果已发表在 2020 年国际药物经济学与结果研究学会(International Society for Pharmacoeconomics and Outcomes Research,ISPOR)亚太论坛上,在国际社会上发出了中国滤泡性淋巴瘤患者的声音,获得了广泛认可。

5. 迭代更新,与时俱进的患者生存现状调研

淋巴瘤之家在 2019 年开展了中国淋巴瘤患者生存调研后,并没有停止相关数据积累方面的尝试和探索。一方面是相比其他癌症群体,血液肿瘤发病率低,分型复杂,每个特定群体的患者数均十分有限,2019 年的研究无法完全体现某个特定分型患者,如滤泡性淋巴瘤患者的完整生存现状及需求;另一方面,随着免疫治疗及靶向治疗新药的不断出现,如 PI3K 抑制剂、新一代抗 CD20 单抗等,滤泡性淋巴瘤治疗方面取得了相当程度的进展。随着创新药的不断问世,我国滤泡性淋巴瘤患者的生存情况如何,疾病负担是否可承受,对新药的期待又是什么,这些都是值得探索的方向。因此 2020 年,淋巴瘤之家再次牵头探索滤泡性淋巴瘤患者的疾病负担。该项研究针对滤泡性淋巴瘤患者,对基本人口学特征、诊断、治疗、疾病经济负担、用药情况和生存质量等进行了线上调查。整个项目的方案设计经过多位专家的联合修改,并由淋巴瘤之家与患者共同讨论完成。

(1)研究过程中最重要的一步是什么?

在研究实施过程中,最为重要的就是问卷的设计。好的问卷不仅能涵盖所有研究问题,还能让患者容易理解和回答,从而有助于实现高质量的数据回收。为确保调研问卷能达到最优的调研效果,本次调研采用了"多重保险"的方式,花费了大量精力在问卷设计阶段。

首先，是设置了患者招募条件确保数据反馈来自目标患者或家属。使用问卷星进行网络发放，由符合条件的患者自主报名填写。

其次，是在问卷设计过程中引入多方尤其是患者及患者组织的意见和建议。自 2020 年 6 月 4 日起，从组织意见预调研开始，患者和患者组织共同积极协助设计和修改问卷内容。

最后，在正式调研前进行了反复的预调研。问卷经过 4 轮预测试，7 轮修改后最终定稿。

基于前期的充分准备，从 2020 年 7 月 22 日问卷正式发放到 2020 年 9 月 14 日正式截止，在不到 2 个月的时间里共回收 326 份有效问卷，最终形成了 2020 年滤泡性淋巴瘤患者生存状况研究报告（下简称"研究报告"）。

（2）疾病负担只需要研究诊疗和花费吗？

在研究内容方面，本次调研不仅关注患者的就诊、治疗、治疗相关花费等情况，更关注了患者的心理状况，围绕着对于"复发的恐惧"开展了相关研究。滤泡性淋巴瘤无法治愈，患者在治疗过程中将面临反复复发的困境，直至最后陷入无药可治的绝望，伴随着疾病的复发，患者还要面对的是与日常生活的逐渐脱离和对日常照护越来越强的需要。在本次调研中，发现超过 26% 的患者处于未就业的状态，其中有超过 88.42% 的患者未就业原因为患病所致，家庭收入受到影响，同时滤泡性淋巴瘤患者面临着巨大的治疗负担，患者调研中显示，初治患者自费承担的医疗支出约占 55%；之后每一次复发患者的个人承担支出上升至约 58%。除了巨大的经济负担，"对于复发的恐惧"也给患者带来了巨大的心理负担。

（3）如何将数据分析结果最好的呈现给大众呢？

既往的研究中，对于数据分析结果往往会以学术文章的形式进行发表，这样的呈现形式往往受众范围比较小。而本次研究报告希望可以面向广大病友及社会各界，最大化受众范围。因此，在呈现形式方面，研究报告的撰写过程中，淋巴瘤之家与业内专家共同讨论，确认数据分析的深度和广度、报告框架及各版块的内容，并最终决定以直观的图表形式呈现报告，让广大缺乏专业背景的病友或社会相关方都能简单明了地理解研究内容。同时，研究报告内的主要用词也都几经斟酌，保证其表达准确，通俗易懂。

6. 意义深远，患者心声在研究报告中得以传达

相较于整体淋巴瘤患者而言，滤泡性淋巴瘤患者获得的社会支持较低，尤其缺乏实质性支持。而与初诊的患者相较，复发的滤泡性淋巴瘤患者社会支持更低，尤其缺乏情感性支持。复发过的受访患者深受复发恐惧的影响，他们往往更有感知力，触发他们产生复发恐惧的因素更多，严重程度更深，心理痛苦更大，更需要寻求安慰。

同样，绝大多数受访患者表示他们对治疗滤泡性淋巴瘤的新药有非常迫切的需求，新一代抗 CD20 创新疗法等都是患者密切关注并期望可以早日使用的治疗方案。除了新药上市，药品的可及也是患者密切关注的方面，希望更多好药可以纳入医保，实现广泛患者可及。在选择药物时，药物的疗效、医保情况、价格和不良反应依次被患者认为是最重要的考虑因素。

研究报告的诞生及其发布，汇集了滤泡性淋巴瘤患者的心声，也让更多的社会各方听到来自患者的真实需求。

7. 患者参与，助力创新药物准入

创新药物从获批上市到医保、渠道准入及临床应用需要清晰的价值主张及一系列相关药物经济学证据。滤泡性淋巴瘤患者生存现状研究报告对相应的价值主张及故事的形成，及后续药物经济学证据的产出都非常重要，从而间接助力相关创新药物的准入。

首先，基于滤泡性淋巴瘤患者生存研究报告的数据及相关文献研究均证实，中国滤泡性淋巴瘤患者的中位发病年龄更年轻，相应疾病负担更高。同时，对"复发的恐惧"是中国滤泡性淋巴瘤患者最大的疾病未满足需求。针对这两点，新一代创新药物的价值主张——为中国患者带来更长的无疾病进展及更低的复发进展风险。

其次，依托于患者调研数据完成的本土社会经济价值研究，可以将临床获益指标进一步转化为经济获益，在该研究中，将"降低复发转移风险34%"的临床获益转换为未来 10 年近 20 亿元的社会经济价值获益，从而进一步完善了新一代创新药物的价值获益。

最后，滤泡性淋巴瘤患者研究报告反映中国患者对于创新治疗药物的渴望，并基于相关患者的收入及治疗花费数据突出了患者由于疾病带来的沉重经

济负担，患者也期待将相关创新药物纳入医保报销。

同时，调研数据也从若干方面为创新药物医保准入必不可少的成本-效果分析（cost-effectiveness analysis，CEA）及预算影响分析（budget impact analysis，BIA）提供了重要参数。例如，中国患者的身高、体重等基线数据均与国外患者不同，因而来自研究报告的患者基线数据成为 CEA 及 BIA 中计算参照药物及同类药物相关费用的基础；又如，中国患者可选择的治疗方案与国际临床方案存在较大差异，研究报告中反映出的患者一线及后线治疗费用，又成为 CEA 中直接医疗成本的输入，体现了创新药物基于复发进展风险的降低可能带来后线治疗费用的节约；再如，研究报告中因就诊及治疗带来的误工及失业等间接成本数据也为创新药物不仅从医疗卫生体系角度更从全社会角度产生相关的成本效果研究结果成为可能。

2021 年，滤泡性淋巴瘤创新药成功通过医保评审及谈判纳入到了国家医保目录中，有效降低了患者的用药成本及经济负担。患者及患者组织的积极参与，最终惠及了患者本身，使得患者群体更早享有了国家政策的福利。

8. 结语

正是基于患者组织对于数据积累及价值的重视，相关企业、高校、医疗机构对于患者参与的重视，在多方共同合力的情况下，才推动了在淋巴瘤领域多项疾病负担及社会经济价值研究的产出，也有效助力了该领域创新药物的医保准入，让患者更快地从创新药物中获益。

9. 案例点评

天津大学吴晶教授点评："淋巴瘤领域疾病负担及社会经济价值研究"这一案例是推动以患者为中心积累数据和形成价值证据的典范，也体现了淋巴瘤之家对提升患者生存获益所做出的杰出贡献！淋巴瘤之家多次开展的调研覆盖到了不同的病种分型、不同的年龄分层、不同的疾病严重程度，体现了其广泛的患者群体影响力。他们在研究中抓住了淋巴瘤治疗的价值点，即降低疾病复发率所产生的社会经济价值，其研究专业度非常值得其他患者组织学习。他们的研究更关注患者的心理状况，围绕着患者对复发的恐惧这一重要价值维度开展研究，体现其能真正体会到患者痛点，以患者为中心推进中国的医疗价值！

参考文献

[1] 阿孜古丽·麦合麦提，陈菲菲，任雨虹，等.288 例滤泡性淋巴瘤患者临床特点及预后分析 [J]. 临床血液学杂志，2022，35（1）：21-28.

[2] SARAH HOFMANN，SEBASTIAN HIMMLER，DENNIS OSTWALD，et al. The societal impact of obinutuzumab in the first-line treatment of patients with follicular lymphoma in Germany[J]. J Comp Eff Res，2020，9（14）：1017-1026.

[3] JING WU，JUN MA，HONGFEI GU，et al. The societal impact of obinutuzumab in the first-line treatment of follicular lymphoma in China[J].Value in Health Regional Issues，2020，9（S11）.

案例 3.2 患者生存报告助力完善罕见病防治和保障

李林国　杨惟希　孙中伦

本案例介绍了在赛诺菲的参与和支持下，蔻德罕见病中心联合广东省医学会罕见病学分会发布了《广东省罕见病患者生存状况及疾病负担调研报告》，该报告揭示了广东省罕见病患者，尤其是需要高值药治疗的罕见病患者的生存状况和疾病负担，进而分析了目前广东省罕见病防治和保障工作的现状及患者所面临的主要困境，并为完善广东省罕见病防治和保障、改善患者生存状况、减轻疾病负担提出相关建议。该报告为建立广州乃至全国罕见病用药保障机制提供了重要参考。

1. 项目背景

（1）中国罕见病大背景

罕见病是一类患病率极低的疾病，目前全球已知的罕见病约有 6000～7000 种。不同国家和地区对罕见病有不同的定义。在我国，尚无以发病率或患病总人数为依据界定的罕见病官方定义。2018 年 5 月，国家发布的《第一批罕见病目录》囊括了 121 种罕见病，自此我国对罕见病的保障进入了一个全新的阶段。

目前仅有不到 10% 的罕见病有已批准的治疗药物或方案，其中被批准引进国内的更是少之又少，而即使存在特效药，治疗成本也相对较高，尤其是部分高值罕见病药物，普通家庭往往难以承受，很多患者家庭面临病无所依、因病致贫、因病返贫的情况。

随着罕见病的特殊性和罕见病群体所面临的沉重负担逐渐得到社会各界和政府的关注，近年来，国家和地方对罕见病医疗保障进行了一系列探索。国家层面上，2018 年 5 个部门联合发布了《第一批罕见病目录》，同年 CDE 发布 40 种境外已上市临床急需新药名单和相关快速审评审批机制。多个罕见病用药在"国谈"中被系统性纳入，标志着我国罕见病用药进入常态化、动态化的医保准入机制；地方层面，以浙江、山西、成都和佛山市等省市为代表，开展了多种新型的地方罕见病保障模式的探索，包括专项基金、大病谈判、医疗救助和政策性商业保险等多元模式。

我国对于罕见病的研究近年来不断加强。不同地区患者的用药保障情况由于地区经济发展水平的差异可能天差地别，因而，有必要对地区罕见病情况进行专门研究。

（2）项目缘起

《广东省罕见病患者生存状况及疾病负担调研报告》缘何由蔻德罕见病中心发起？蔻德罕见病中心致力于增进罕见病患者群体、罕见病组织、医学机构、医药企业和政府部门等各相关方的交流与合作，加强社会公众对罕见病的了解，提高患者对罕见病药物的可及性，推动罕见病科学研究和转化，促进中国罕见病事业发展。在此之前，蔻德罕见病中心已先后在湖南、福建开展罕见病患者生存状况及疾病负担调研，调研报告为当地政府的决策提供了有力参考。此外，蔻德罕见病中心作为国内高阶的患者组织，支持患者组织的孵化，与各地其他患者组织保持着密切联系。在调研过程中，超100家当地患者组织参与其中，派发问卷并组织患者填写，大大提高了问卷回收效率。

作为本次调研的省份，广东省有其代表性。广东省是我国人口和经济大省，医疗资源和水平在全国均处于前列，但广东省内发展不平衡也较为突出，特别是珠三角地区和其他地区的经济发展差距很大，因而广东省的罕见病保障情况、存在的问题值得其他地区反思，广东省对罕见病医疗保障的成功探索也同样值得其他省份借鉴。

此次调研旨在全面梳理广东省罕见病防治和保障相关政策，全面了解广东省罕见病患者的生存状况和疾病负担，从而分析广东省罕见病防治和保障工作的现状，以及患者所面临的主要困境，进而为完善广东省罕见病防治和保障、改善患者生存状况、减轻疾病负担提出相关建议。

2. 研究方法

本次调研主要采取了文献研究、深入访谈及问卷调查等研究方法。调研团队在系统收集广东罕见病相关的政策文件、重要报道、保险产品细则等资料的基础上分析了广东省罕见病防治与保障的相关政策和举措。深入访谈主要是与政府相关部门的政策制定者、罕见病诊疗临床专家、罕见病专家学者及患者代表等交流了解相关情况。问卷调查则是以广东省罕见病患者生存状况与疾病负担为主题，参考经典人群健康调查和已有的罕见病群体调查，通过多轮内部讨论和外部专家咨询，以及小规模的患者预调查，进而设计完成患者调查问卷。该问卷主要涉及患者的基本社会人口学、患病、诊断、治疗、经济负担、健康水平及社会融入等方面的内容。问卷要求 18 周岁以下或无作答能力的患儿由家长代为作答。问卷通过网络发布、短信定向邀请等方式招募广东省罕见病患者参与调查。患者填完问卷后，课题组会进行逻辑检查，对于有问题的问卷对患者进行回访以确认、修改。最终回收的有效问卷为 879 份，覆盖广东省 21 个地级市，涉及 103 种罕见病，其中属于国家《第一批罕见病目录》疾病的有 63 种，共 717 人，具有较好的代表性。此外，此次调研还深入访谈了 6 名罕见病患者并编写了相关案例。

3. 研究成果

当前广东省对罕见病防治与保障的探索可分为省级和地方两个层面。省级层面，广东省在全国罕见病诊疗协作网基础上，进一步搭建形成更完善的罕见病诊疗体系；在基本医保门诊特定病种管理政策中纳入多个罕见病，由统筹基金支付相关费用，并通过开发"罕见病用药"小程序等，便于患者及时查询相关药品所在机构、对应专家等信息。市级层面，佛山市在全国开创了医疗救助模式，全面覆盖了国家罕见病目录内疾病；许多市都出台了由地方医保部门指导设计的城市定制型商业补充医疗保险，通过医保目录内补充、医保目录外住院、特药清单、罕见病补贴等不同方式减轻罕见病患者负担。

经济负担和疾病保障方面，罕见病患者过去一年平均花费医疗费用为 71 750.4 元，自付费用为 48 441.5 元，占 67.5%，医保支付费用为 11 074.1 元，占 15.4%，普惠险支付费用为 8984.0 元，占 12.5%，其他商业保险支付为 671.1 元，占 0.9%，互助金支付为 1577.1 元，占 2.2%，社会救助支付为 1021.6 元，占 1.4%。除了医保和普惠险外，其他途径提供的保障相对有限。

那么需要高值药品治疗的罕见病患者的情况如何呢？在其中对于 137 名需要高值药物治疗的罕见病患者（包括戈谢病、庞贝病、法布雷病、黏多糖贮积症和脊髓性肌萎缩症）的调查中，患者过去一年平均花费医疗费用为 163 312.7 元，自付费用为 118 141.5 元，占 72.3%，医保支付费用为 5490.8 元，占 3.4%，普惠险支付费用为 33 898.8 元，占 20.8%，其他商业保险支付为 81.5 元，占

0.1%，互助金支付为3376.9元，占2.1%，社会救助支付为2323.1元，占1.4%。可见对需要高值药治疗的罕见病患者保障中普惠险的支付已经成为最大保障，但自付费用比例仍过高，这类患者面临的经济负担更重。

　　课题组通过调研发现，广东省积极推进罕见病诊疗和保障工作已初有成效，主要表现在：①广东罕见病诊疗能力强、患者省内确诊比例高。②地方普惠险对广东省罕见病患者用药起到一定保障作用。

　　但是广东省罕见病患者在生存状况及疾病负担方面仍面临许多困境，主要表现在：①患者确诊周期长、误诊比例高。报告显示，广东省罕见病患者首次就医即确诊比例仅为17.3%，经历8次以上转诊才确诊比例达8.2%。患者平均需耗时27个月才能确诊，有88位患者确诊时间长达5年以上。广东省罕见病患者中经历误诊的比例为43.2%，高于全国平均数据1.3%，误诊造成的额外负担也较大。②罕见病患者接受治疗比例不高、受疫情影响很大。过去一年有18.5%的广东省罕见病患者未接受治疗，在需要康复治疗的患者中，有高达71.2%的患者未接受康复治疗。此外，新型冠状病毒疫情也给九成的患者造成了不同程度的影响。③罕见病患者费用负担重、保障程度低。④罕见病患者健康状况非常差、照料需求大。受访的患者中残疾比例达78.7%，健康水平也低于中国一般人群。⑤罕见病患者生活、学习工作受影响大，社会融入难。⑥需要高值药物治疗的罕见病患者生存状况更差、疾病负担更重。这些患者在疾病诊断、治疗、费用负担、健康状况等各方面都面临更大的困境。他们平均经历36个月才能确诊，有49.6%的患者经历过误诊。受访患者中有26.3%正在使用特效药治疗，其中又仅有1/3的患者能足量用药。残疾比例达77.4%，24.8%的患者完全离不开康复治疗。

　　总体而言，广东省罕见病保障水平仍然较低，罕见病多元保障体系还远未有效建立。罕见病由于治疗费用高，往往需要由基本医保和多元渠道共同搭建"1+N"保障体系，但目前的"N"还非常薄弱。除普惠险外，其他形式的保障，如社会救助、商业保险、互助金等保障的比例较低。而普惠险也存在着一定的不确定性，普惠险未来能否长期稳定运行还要打上问号。此外，省内的不平衡也较为突出，非广州市、深圳市的罕见病患者与广州市、深圳市的罕见病患者在收入、自付、报销费用总和、普惠险人均支付上都存在不小的差距。

　　为完善广东省罕见病防治和保障、改善患者生存状况，课题组提出了以下几点建议：①加强罕见病患者注册登记和已有数据共享整合，为政府决策提供支撑。②加强罕见病诊疗中心和网络建设，充分调动医务人员积极性。③建立完善罕见病用药多层次保障机制，防范患者因病返贫致贫风险。④加快打通患者用药"最后一公里"，提升患者健康获得感。⑤加大罕见病相关临床研究，联动医学科技创新和生物医药产业发展。⑥加强罕见病筛查和遗传咨询，完善罕见病康复和社会关怀。

4. 研究影响

（1）对政府决策的影响

由于罕见病单个病种的患病人数很少，患者通常需要抱团取暖，患者组织就为罕见病患者提供了一个集中资源、互助合作的平台。患者在确诊后一般会在患者组织处注册以寻求帮助，因此，相较于医院和其他传统机构，患者组织对患者的背景信息，尤其是在医学以外领域的信息搜集会更为全面。以往政府的决策依赖于医疗机构提供的信息，这些信息通常集中在诊疗方面，而在本调研中，问卷还涉及患者的经济负担、健康水平和社会融入等维度，有效补充了传统数据在这些方面的不足。

此外，问卷还涉及对某些现象具体原因的追问，例如：为什么需要高值药物治疗的患者未参加普惠险呢？报告显示有高达42.5%的患者不知道有普惠险的存在，这就需要后续对普惠险加大宣传，另有34.5%的患者不符合投保条件，则需要政府和商业保险公司相应地调整投保门槛，这些信息是传统数据所无法提供的。总的来说，调研报告提供的数据能帮助政策制定者更充分地了解患者的处境，从而做出直击患者痛点的决策。

（2）对当地罕见病医疗保障体系的影响

2021年12月23日，由蔻德罕见病中心、广东省医学会罕见病学分会、上海市卫生和健康发展研究中心联合主办的"《广东省罕见病患者生存状况及疾病负担调研报告》发布会暨罕见病诊疗与保障研讨会"成功召开。会议主要分为报告解读及发布、罕见病诊疗与保障研讨会、罕见病诊疗与保障的"广东模式"探索圆桌讨论三个环节。

广东省卫健委领导、本省各医院领导、政策专家、商业保险从业者和行业代表悉数参加该研讨会，并深刻了解了广东省罕见病患者，尤其是高值罕见病患者的生存状况与需求。会后，广东省罕见病诊疗协作网牵头医院项目负责人刘丽主任以此报告为基础材料，对协作网内成员的医院及医生进行多次相关的学习和培训，有力推进了省内诊疗协作网的发展。

报告中反映的广东省罕见病保障水平现状也对广东省的重特大疾病保障制度产生了一定影响。《广东省关于健全重特大疾病医疗保险和救助制度的实施意见（征求意见稿）》中就明确要夯实医疗救助托底保障功能、强化困难群众应保尽保、基本医疗保险和大病保险三重制度综合保障、建立健全防范和化解因病致贫返贫风险、积极引导慈善等社会力量参与救助保障等，以此来提高对包括罕见病患者在内的重特大疾病患者的保障水平。

广东省人大代表、中山市博爱医院新生儿疾病筛查中心张翠梅主任在听取报告内容后，于2022年广东"两会"期间提出议案，建议设立广东省罕见病治疗食品和药品多层次保障机制，打通患者用药最后"一公里"，提升药物可及性。针对基本医保对广东省罕见病患者的保障水平较低、普惠型商业保险存在不确定性、广东省各地市保障待遇不平衡等报告所呈现的问题，张翠梅建议由省医保局牵头，整合多方资源，调动全社会力量，建立广东省罕见病用药保障专项统筹基金，主要解决医保目录外罕见病高值药物的支付问题，并建立风险共担机制。

此外，广东省其他医院也自该报告的发布后了解到了本省罕见病患者的独特需求和生存状况，独立开展后续单病种的患者生存报告，使罕见病生态持续向好。

最后，本次报告的调研成果和提出的建议，也为建立广州市乃至全国用药保障机制提供了重要参考。

5. 企业与患者组织的内外部合作机制

（1）与患者组织的外部合作

《广东省罕见病患者生存状况及疾病负担调研报告》是赛诺菲通过支持患者组织服务患者群体解决方案中的一例。在与患者组织互动合作中，赛诺菲始终秉承透明性原则，并且尊重患者组织独立性。本着以患者为中心的精神，赛诺菲在推进罕见病生态建设的道路上，携手患者组织发掘罕见病患者未满足的需求，共创价值和解决方案。在本次蔻德罕见病中心牵头实施广东省罕见病患者生存状况及疾病负担调研项目中，赛诺菲基于公司合规原则参与支持，并为调研提供企业角度的行业见解。

（2）企业内部合作

在与患者组织的沟通中，企业内部充分发挥跨部门协作机制。由专门负责患者组织沟通合作的部门将患者组织传达的患者未满足需求传递给相应部门，协同跨部门商议解决方案并推进方案落地。

在这个案例中，赛诺菲通过蔻德罕见病中心认识到了对中国人口第一大省广东地区进行罕见病患者生存状况调研的重要性。在明确合作意向后，相关部门联合广东地区同事，提供调研所需要的支持。因此，企业内部敏捷高效的沟通，也是赛诺菲长期有效支持患者需求可及的重要一环。

案例 3.3　罕见病患者组织如何参与政策推动

霍　达　郭晋川

1. 我国罕见病患者组织的基本情况

我国最早的罕见病患者组织成立于 2000 年前后。在 2012 年前后，由于社会组织直接登记政策的放宽，我国的罕见病患者组织进入快速发展阶段。经过 20 多年的发展，目前我国有超过 130 家聚焦约 80 种罕见病的患者组织[1]。

《2020 中国罕见病综合社会调研》报告的调研数据显示，我国的罕见病患者组织主要是由罕见病患者及家属自发组织发起的，也有少量由医生或科研人员等相关方共同发起，基于所面临的疾病问题为所在病友群体服务和发声，不以营利为目的的公益团体。绝大多数罕见病患者组织服务于单病种罕见病患者和家属，但也有近 1/5 服务于多个罕见病病种。这些罕见病患者组织处于不同的成熟阶段，约四成已经在当地民政部门正式登记注册，其余则以未注册的方式进行活动。由于罕见病自身的特性，罕见病患者组织所服务的患者社群规模整体较小，超半数不足 500 人，最少的社群仅联络 7 人，最多的覆盖约 7 万人。根据调研，罕见病患者组织的资金来源主要依赖组织内部成员的捐款和企业捐赠 / 项目合作：所有罕见病患者组织筹款额的中位数为 2 万元，最高达 500 万，还有四成完全没有筹款[2]。

我国罕见病患者组织的活动内容主要包括：公共倡导类、患者服务类、社群支持类、资源链接类。病有所医、药有所保是绝大多数罕见病患者组织最核心的诉求，因而争取罕见病医药的保障政策成为许多罕见病患者组织的核心行动。多数罕见病组织都在努力加强政策制定者和各利益相关方之间的合作与交流，为罕见病患者及其家庭争取到更好的处境。

2. 患者组织参与政策推动的必要性

由于与健康和治疗服务有关的任何政策或决定的通过最终都会影响到患者的生活，因此患者参与健康事务和制定宏观健康政策被认为是人们的公民权利之一，也是医疗政策公平和责任的体现。2020年正式施行的《中华人民共和国基本医疗卫生与健康促进法》规定了健康权是我国公民的法定权利。罕见病患者同样享有公平可获得的基本医疗卫生服务的权利。

《"健康中国2030"规划纲要》指出："全民健康是建设健康中国的根本目的。立足全人群和全生命周期两个着力点，提供公平可及、系统连续的健康服务，实现更高水平的全民健康。"根据患者及患者照护者的意见、需求和偏好，规划和提供以患者为导向的医疗保健服务，可以提供更合适和更具成本效益的服务，加强和改善医疗保健系统以获得公众认可和信任，最终实现健康结果、生活质量和患者满意度的提升。

在欧美一些发达地区，政府和社会组织邀请患者代表加入顾问委员会，共同商讨如何促进信息共享，提出改善患者和家庭参与的政策建议。例如，美国某州立医疗信息技术政策委员会，要求在20人的委员席位中预留3个席位给患者代表，以便听取他们对于应用现代信息技术促进患者参与健康计划的建议[3]。

"共建共享、全民健康"，是建设健康中国的战略主题。《"健康中国2030"规划纲要》指出："推动人人参与、人人尽力、人人享有，落实预防为主，推行健康生活方式，减少疾病发生，强化早诊断、早治疗、早康复，实现全民健康。"可以看出，患者并不单是被照顾者和被服务者，同时也是健康中国战略的推动者。我国的医保基金是依赖于社会筹资的，所以患者作为医保的支付方，有资格也有权利从患者的角度参与分配政策。

3. 患者组织有哪些推动政策的路径和方法

由于患者组织对患者及其照护者在整个疾病旅程中未满足的需求和面临的关键挑战具有深刻理解，患者组织的整体视角应成为罕见病研究、临床、支付领域的关键输入，并成为决策过程中的重要参与力量。在实际参与政策推动时，患者组织需要从"乱拳打死老师傅"转变到"策略性思考"。以下是几种患者组织推动政策的常见路径。

（1）从患者端出发为政策制定者的决策提供真实世界证据

患者组织是患者的集合。患者组织做政策推动本质目的是希望放大患者的声音在决策过程中的权重。患者组织有真实且全面的数据，并让数据逐步扩大成为证据和洞察；用证据和洞察来与政策制定者沟通，让患者的声音能够更好地被"听见"；进而为政府提供具体的解决方案和实施落地。很多患者组织都通过收集患者信息和产出患者调研报告的形式来协助政策制定者。

2013年，瓷娃娃罕见病关爱中心发布了《2013中国成骨不全症患者生存状况调研报告》等报告，为国家相关部门和专家提供了成骨不全症患者的数据信息，为政策研究、出台提供参考。

2016年春节期间，瓷娃娃罕见病关爱中心联合腾讯新闻《今日话题》，由南京航空航天大学社会学研究所和香港浸会大学林思齐东西学术交流研究所提供支持，对罕见病公众认知和罕见病病友生存状况进行了调研。这是我国首次全国性的罕见病病友生存状况与公众认知调研。

2018年年初，北京病痛挑战公益基金会（以下简称"病痛挑战基金会"）与香港浸会大学和华中科技大学合作，再次开展全国性的问卷调查。调研由病友生存状况和医生认知与诊治经验两部分组成，覆盖了患有109种罕见病的2040名受访病友和来自全国27个省的285名医生。调研报告不仅帮助千万中国受罕见病影响的个人和家庭尽可能地把他们真实的生存状况展现在公众面前，也通过收集熟悉罕见病医生的回答，为政策制定者提供非常具体且有价值的经验与看法。

2019年6月，由中国罕见病联盟牵头，北京协和医院共同发起，病痛挑战基金会协作，香港中文大学医学院赛马会公共卫生及基层医疗学院负责实施的"2020中国罕见病患者综合社会调研活动"正式启动。本次调研由3个大型社会调查组成，分别针对患者、患者家属、患者组织从业者，以及医务工作者四大人群，试图从个人到组织再到社会等多个层面为罕见病领域政策推动提供可借鉴的实证依据。本次调查是全球样本量最大的罕见病社会学调研，覆盖了超过20 000名罕见病患者、38 634名医务工作者、74家患者组织。调研收集到的信息经过分析汇总后，形成并出版了《2020中国罕见病综合社会调研》。

2020年2月，中共中央 国务院发布《关于深化医疗保障制度改革的意见》提出："探索罕见病用药保障机制。"病痛挑战基金会结合"罕见病医疗援助工程"对罕见病患者的援助实际效果，出品《2020罕见病医疗援助工程多方共付实践报告》，通过实证数据验证"多方共付"模式能够有效减轻罕见病患者的用药经济负担。在2021—2022年，病痛挑战基金会进一步探索如何助力罕见病患者的用药保障，联合南开大学卫生经济与医疗保障研究中心，北京大学医药管理国际研究中心发布了《普惠型补充商业健康保险参与罕见病多层次保障研究报告》《公益慈善力量参与罕见病多层次保障研究报告》，论证普惠险和公益慈善参与罕见病用药保障的可行性，为构建罕见病"多层次保障"贡献民间智慧。

可以看到，患者组织通过持续报告中国罕见病患者的疾病、保障、心理、生活状态，为政策制定者提供来自真实世界的依据，是推进健康中国战略的重要组成部分。

（2）扩大罕见病议题的影响力，将"患者个人问题"转向"社会公共问题"

2014 年夏天火爆全球的"冰桶挑战"可以被看作是罕见病公益领域中倡导工作的里程碑。在此之前，罕见病患者组织的倡导工作始终难以突破社群，将相关知识、理念传递给广大公众，"罕见病"的概念尚未走进公共的舆论场，形成一个深入人心的概念。而在罕见病患者组织瓷娃娃罕见病关爱中心与新浪微公益的共同推动下，短短几天内，"冰桶挑战"成为国内热搜话题榜首，微博上阅读量高达 40 亿次[4]。

患者组织主要通过两个方面的工作提升罕见病议题的影响力：一方面"让患者被看见"——通过讲述罕见病患者个人的故事促进公众共情；另一方面，患者组织也在长期、持续通过各种公开渠道与政策制定者和相关方积极互动。

由于罕见病患者数量少，导致他们所面对的困境在公共视线中的存在感很低，长久以来被看作是罕见病患者"个人问题""自身命运"，而非"社会公共问题"。为了让更多人"看到罕见病患者"，进而理解罕见病患者所面临的困境，每年国际罕见病日前后，病痛挑战基金会都会通过线下科普倡导、影展、纪录片展、大型融合艺术节、线上互动传播等方式，呼吁社会各界了解、关注、支持罕见病，共同创造对罕见病群体友好的社会环境和支持体系。例如，2016 年国际罕见病日前后，病痛挑战基金会为 28 种罕见病的病友代表、专家代表拍摄了写真、视频短片。用 1 个月的时间在自媒体平台每天介绍一种罕见病，让公众认识一位病友、一位专家和一位倡议人，通过讲述病友的经历呼吁公众关注。2017 年起，病痛挑战基金会以"生而不凡"为主题，通过自媒体平台"生而不凡影像汇"推出系列纪实短片，记录罕见病病友的生命经历与人生感悟；截至 2022 年 8 月，已上线 30 部作品，总阅读量逾 3400 万。2022 年国际罕见病日，由阎岩执导、病痛挑战基金会和北京臣基文化传媒公司联合出品的，寻访、记录了 6 位罕见病病友生活的纪录片《万分之六的人生》重磅上线。

除了讲述患者的故事，罕见病患者和患者组织也积极通过各种公开渠道与政策制定者和各相关方积极互动。2021 年，一名网名叫"铁马冰河"的罕见癫痫患儿家长因海外代购"氯巴占"这款治疗难治性癫痫且非常有效的抗发作药物，被河南中牟县公安局因"涉嫌贩毒"刑事拘留。案件发生后，全国各地海关开始截扣海外代购的氯巴占，引发数千个患儿家庭"氯巴占"断药危机。

面对这样的困境，一米阳光病友群的群主闵文（松松爸爸）在公众号上发表题为"《如何让我们的孩子活下去?》——1000 余个罕见病癫痫患儿家庭向全社会公开的一封求助信"的文章。这篇文章一经发出便引发各大媒体、微博、微信公众号、短视频等全社会范围内的极大关注和讨论，且登上微博热搜。紧接着，中国罕见病联盟就发起了对氯巴占患者用药信息的摸底调查，在松松爸爸的组织下，24 小时内完成了 1000 多个患者实名信息登记。

2021 年 12 月 27 日，澎湃新闻发表《国家卫健委答澎湃：正协调相关机构和部门集中申请和进口氯巴占》称，就癫痫儿童用药氯巴占问题，国家卫健委有关部门表示，目前正在组织对患者群体进行摸底，了解药品用量需求，并协调相关机构和部门按照《药品管理法》有关规定，组织进行集中申请和进口，以满足患者用药需求。2022 年 3 月 30 日，澎湃新闻发表《氯巴占拟临时进口，罕见癫痫患儿家属：断药在即，望尽快落实》称，多名患者家长表示，看到征求意见公告，感觉心里一块石头终于要落地了。同时，很多患儿正面临断药或已经断药的处境，希望"能再快一点落实"。6 月 29 日，国家卫健委和国家药品监督管理局联合发布了"关于印发《临床急需药品临时进口工作方案》和《氯巴占临时进口工作方案》"的通知。9 月初，北京协和医院开出第一盒氯巴占。患者组织通过包括新闻、报纸、自媒体等公开渠道积极与政策制定者和各相关方互动，在各方的努力下，氯巴占用药问题终于得到了解决。

（3）与政策制定者和各利益相关方建立长期持续的沟通

由于罕见病的特性，很多政府部门对罕见病及患者的实际情况并不十分了解，这就需要罕见病患者和患者组织主动与政策制定者进行长期积极、持续的沟通。只有这样，才能让政策制定者越来越了解和重视罕见病患者的需求和处境，从而激发他们的同理心和使命感，有机会打消政策制定者在决策过程中的"顾虑"，才有可能在政策窗口出现时，罕见病议题有机会及时进入政策议程，通过出台政策回应罕见病患者的实际需求。

患者组织和患者家庭最了解罕见病群体"缺医少药"的窘境及"高值孤儿药"的支付难题。当某一款罕见病的特效药进入国内市场后，他们最迫切关心的就是如何能够尽快将药品纳入医保，让患者能够早日用上药。

"伊米苷酶"是治疗戈谢病的特效药，由于伊米苷酶的药价十分昂贵，患者家庭很难负担得起，目前国家也并没有将伊米苷酶纳入基本医保。李某的家人在 5 年前确诊了戈谢病，随之而来的就是巨额的治疗负担。当时，浙江、青岛、宁夏回族自治区、昆明等地都出台了能够报销伊米苷酶的地方医保政策。在李某看来，推动伊米苷酶进入当地医保是解决问题的关键。于是李某辞掉工作，下决心要把自己省的地方政策跑下来。就这样，李某成了省医保部门的"常客"。从一开始被拒绝，到和其他病友一起跑，不仅让医保部门了解了什么是戈谢病，也通过具体的当地患者数据和疾病负担让医保部门知道了解决戈谢病患者用药的迫切性，尤其当医保局领导看到戈谢病患儿的真实处境，进一步激起了他们的责任心和同理心，最终出台了地方的戈谢病保障政策。5 年来，"写信上访，打电话，主动到医保局反映情况……只要是能做的事，都一遍遍地去尝试"李某谈到。在多方的努力下，2019 年 4 月，李某所在省份将戈谢病治疗药物伊米苷酶纳入省级医保统筹[5]。截至目前，浙江、山东、山西、湖南、陕西、甘肃、河北、宁夏回族自治区、天津、安徽等地均出台了报销比例不等的戈谢病药品保障政策。

戈谢病患者及家属群体中，除了像李某一样的积极病友，还有患者组织"急患者所急"，为患者服务。在推动伊米苷酶进入省医保过程中，李某也加入了戈谢病关爱中心。戈谢病关爱中心是一家由戈谢病患者及患者家长共同发起的公益性非营利机构，专注于中国戈谢病患者群体关爱支持。中心通过每年举办大会增进戈谢病患者群体、医学专业人员、医药企业和政府部门等各相关方的交流与合作，推动保障戈谢病患者群体合法权益相关制度、政策的完善。

从 2018 年开始，戈谢病关爱中心就发起了戈谢氏罕见病大会暨国际戈谢病日科普宣传活动，即使在疫情期间，也每年一届不曾中断。以戈谢病关爱中心为代表的罕见病患者组织是患者与政府机关、医疗机构等沟通的重要桥梁。全国病友大会通过诊疗、政策、组织发展、病友工作坊、义诊等环节给全国戈谢病家庭提供诊疗交流、政策交流互助的平台。全国病友大会的举办，会引起有影响力的媒体关注，广泛的媒体报道也能够为疾病的科普宣传及政策推动提供助力。每年的病友会也给了大家抱团取暖、敞开心扉的机会，整个过程都会让大家觉得比较暖心。病友及家属之间的线下交流，也能够为病友群体后续的政策推动、积极治疗，以及面对疾病的心理建设等方面起到很重要的作用。

（4）结合自身经验，探索创新政社协作模式助力政策落地

患者和患者组织不仅是政策的倡导者、推动者，更是政策的直接受益者。患者组织不仅能够推动政策从无到有，更能够通过切身的实践推动政策落地。对一些高值药的罕见病患者，足量用药的情况下，患者的年治疗费用较高，动辄上百万元。即使在部分省份有一定针对性的保障政策，患者自付费用依然较高，患者家庭仍然无力承担，导致保障政策不能充分发挥作用，而且患者也不能足量用药。针对有政策地区的患者，民间公益组织为患者家庭提供每年几万元的药品援助支持，便能使这些罕见病患者及家庭减轻经济负担，实现患者用药可及，改善生活质量，同时也能够有效地推动政策落地。

为了更好地撬动社会政策改善及多方援助资源介入，提升罕见病医疗保障水平，并为罕见病群体提供有针对性的专业医疗援助，病痛挑战基金会结合十多年的患者服务经验，于2018年发起了全国性罕见病民间公益援助项目——罕见病医疗援助工程。以医疗援助工程为支点，搭建"多方参与"的罕见病"多方共付平台"。通过多方参与的罕见病医疗保障模式，为地方出台罕见病医疗保障政策扫除后顾之忧，使民间慈善与政策紧密配合衔接，通过资金援助助力罕见病病友用药的"最后一公里"。

回顾几年来的援助数据，罕见病医疗援助工程能够有效减轻患者的医疗费用负担。如图3-1所示，所有参与罕见病医疗援助工程的患者原始（医保报销前）医疗费用负担约为家庭年收入的285%，医保报销后，这一比例下降为125%；在此基础上，患者通过参与罕见病医疗援助工程，使医疗负担降低到家庭年收入的98%；部分患者还获得了其他慈善机构的支持，这部分患者的医疗费用负担继续下降到家庭年收入的62%，约为原始的1/5。尽管仍高于公认的灾难性医疗支出（医疗支出占家庭可支配收入40%为界限），但显著降低了患者医疗费用负担。从单病种来看，戈谢病和法布雷病患者的医疗费用负担由最初占家庭收入的502%和122%下降到14%和7%，避免了灾难性医疗支出[6]。

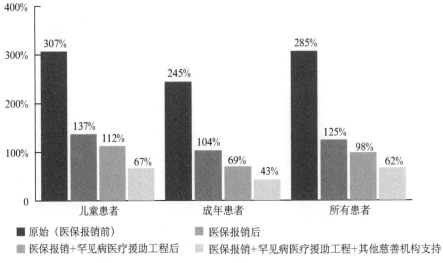

图 3-1　多层次援助之后患者的医疗费用负担情况

随着越来越多的罕见病支持项目出现，可以欣喜地看到有越来越多的同行者与罕见病群体一同披荆斩棘，克服前进道路上的障碍。在病痛挑战基金会罕见病医疗援助工程启动后的 4 年时间里，政府相关职能部门、综合性医院、罕见病医学专家、慈善公益组织、爱心企业、罕见病患者等各方群策群力，为项目实施和落地贡献诸多力量。每一份爱心，都通过罕见病医疗援助工程传递给最需要的罕见病患者。

（5）赋能倡导者，让患者及患者组织更有效参与政策推动

随着罕见病日益被公众所熟知，秉承"助人自助"的原则，越来越多的单病种患者组织出现，为患者提供全方位的服务。如何使患者组织的发展更加有序，同时为病友提供更好的支持，病痛挑战基金会成立之初便开始探索如何有效助力罕见病患者组织成长，为患者组织赋能。近年来，病痛挑战基金会前后陪伴近百家罕见病患者组织经历创立、聚合、规范化、成熟、再发展抑或衰退的不同发展阶段。每个阶段的患者组织在组织结构、管理方式、群体需求等方面各有特点。这些组织发展的困难和挑战不仅仅是罕见病社群自身的问题，通常牵涉到行业相关方。在病痛挑战基金会看来，组织发展的核心和关键问题是如何在外部环境快速变化的当下，整合更多资源和发现更多可能性，利用自身优势，用最有效的方法去解决痛点问题，而且这些问题的解决能够有效回应患

者的真正需求。

基于此，基金会的支持性工作经历了从"培训 + 资助"到"精准赋能 + 配套支持"的转变。2020 年 4 月病痛挑战基金会发起了"首届罕见病公益创新大赛"，联合包括政策研究者、临床 / 科研专家、企业等行业各方力量，推动罕见病组织立足于自身病种的具体情况，找到问题，切入痛点，挖掘有效解决方案，从而让组织和项目的发展更加科学、高效。

大赛通过"线上系统性学习 + 线下实战创新"的创业营模式，将系统的课程内容模块化，支持不同阶段组织线上学习并进行学习反馈。部分优秀组织将在线上学习后，进入线下实战创业营阶段。过程中，病痛挑战基金会帮助罕见病组织深度分析自身问题，寻找创新解决思路并落地可执行方案。最后，根据创新项目方案，评选优质项目，并提供相应资金支持，同时持续进行项目督导陪伴，支持机构们能够小步迭代，快速尝试。

除了针对患者组织开展的赋能支持，对于罕见病社群，病痛挑战基金会也开展系列活动，支持社群伙伴自我成长。自 2012 年开办第一届 I CAN 协力营以来，瓷娃娃罕见病关爱中心和病痛挑战基金会至今已成功举办五届，培养了涵盖 35 种罕见病的 100 多名营员，逐渐成为赋能学院培育社群行动者的品牌课程。让社群伙伴通过自我发声和行动，改变社会环境与态度的障碍。I CAN 协力营通过支持罕见病、残障群体中个体的自我成长，培养和发掘更多关注罕见病、残障议题，以及为此积极行动的社群行动者，增强社群协力行动力。

I CAN 协力营项目以平等、尊重、发展、参与为核心理念，每年设置 3 次 3 ～ 7 天的集中培训和为期半年的小组行动，以及 1 次网络建设活动，以参与式工作坊、艺术探索、陪伴成长和小组行动等为主要活动方式，让营员增强自身认同感和社群认同感，打破身体和思想的限制；开阔视野，了解公民社会、社会议题和权利视角；关注公民行动、公益行动和社会创新，激发为社群发声的热情，成为解决社群问题和支持社群成长的力量。

每一届的 I CAN 协力营都有 3 个小组进行公益行动的实践。各小组开展了罕见病真人图书馆、为病友圆梦、提供就业培训、婚恋交友、制作罕见病和无障碍宣传音乐短片、数据调研、罕见病病友艺术展和工艺品义卖、公众融合等一系列行动，形成 I CAN 青年人网络，逐步成为具备一定影响力的各类罕见病、残障青年领袖平台。

罕见病患者群体面临亟待解决的诸多困难和挑战，如改变公众认知、推动保障政策、提升诊疗水平、解决就业和教育问题……患者和患者组织是解决问题不可或缺的重要参与者。病痛挑战基金会的赋能工作以这样的理念为出发点：相信患者有不可替代的能力，发掘和实现患者在行业发展中的价值，支持和帮助患者组织有效、持久地开展工作，带来有意义且有价值的改变，最终促进我国罕见病医疗体系的发展、行业的发展。

参考文献

[1] 陈懿玮，李杨阳.中国罕见病综合报告（2021）[EB/OL].（2020-04-30）[2023-02-16]. https://mp.weixin.qq.com/s?src=11&timestamp=1676254807&ver=4347&signature=SCKE0oevPc0PCHVZ8wMWLcDshNotw7cUvPcn4XwgmZeBusvdC8CIjV8yBTWhX0xjbYxHm*FX6fowlvprLYiB8kCAbbE27f14LyUaRUu6mZAHFPwkLOZeHNZ14FI2HVjw&new=1.

[2] 张抒扬，董咚.2020中国罕见病综合社会调研 [M]. 北京：人民卫生出版社，2020：83.

[3] 范子田."患者参与"：医疗变革特效药 [J]. 中国医院院长，2015，3：86-88.

[4] 李子嘉."ALS 冰桶挑战"在中国传播娱乐化的思考 [J]. 当代文坛，2015，3：155-158.

[5] 人民日报健康客户端．"报团取暖"的罕见病患者 [EB/OL].（2020-08-28）[2023-03-13].https://m.peopledailyhealth.com/articleDetailShare?articleId=86d8f3f617c245498ec9f4a7936a4187.

[6] 罕见病创新服务与多方共付研讨会召开，《罕见病医疗援助工程多方共付实践报告》发布 [EB/OL].（2020-04-30）[2023-02-16].https://mp.weixin.qq.com/s?src=11&timestamp=1676254901&ver=4347&signature=EYuPwAA3RPs8P0m898CsiJHpvPtb60GS1ux227QA*R3D-DB24y9ISrVOfwqnGjlUpIrWPL-TNm6B2KWaDkR7dMSyLJZhn*oQUn0qQRQS1z7uMHLSae4rMkjLiskZL2F-&new=1.

案例 3.4　基于调研报告的患者参与解决方案

李林国　郑文婕　金健健

1.《中国法布雷病社群视角下的诊疗和政策洞察报告》简介

《中国法布雷病社群视角下的诊疗和政策洞察报告》（以下简称《法布雷报告》）是我国首个以患者社群视角撰写的法布雷患者报告。报告由蔻德罕见病中心与中国法布雷病友会共同发起，邀请多方共同参与：包括法布雷病临床专家、致力于服务病友的法布雷病友会成员，法布雷病友及其家属，以及关注于法布雷疾病的企业。

报告介绍了法布雷病的基本概况，并回顾了我国法布雷病过去15年的重要发展里程碑。通过病友会的患者登记数据，报告分析了全国31个省、直辖市和自治区的475名患者数据信息，全方面地展现了我国法布雷病患者画像、诊疗经历及生存现状。同时报告也多维度地分析了我国法布雷病诊疗现状及保障政策，并对法布雷病友会的发展历程和现状做简要介绍，协助病友全面了解和使用现有的相关资源和服务内容。

报告发现，目前我国法布雷病患者群体面临的困难主要包括误诊率较高、确诊时长较长、筛查诊疗及随访存在一定不足、医疗保障制度尚不完善等问题，在后文会逐一叙述并探寻解决方案。

2. 报告展现的4个现存问题

根据《法布雷报告》及实践了解，目前法布雷病患者在就医方面普遍面临以下几个问题。

（1）确诊难：筛查不足、误诊比例和异地确诊比例高、确诊时间长

据《法布雷报告》研究，由于法布雷病在我国认知度仍然较低、酶替代疗法（enzyme replacement therapy，ERT）治疗引入较晚等原因，目前法布雷病的筛查尚处在初级阶段，误诊和错过最佳治疗期的情况仍存在。根据《法布雷报告》统计，登记在册的475名法布雷病患者中，误诊比例高达65%，42%的患者从开始求医到最终确诊经历了 5 家或以上医院；根据 466 名确诊患者填写的确诊医院信息分析发现，31% 的患者在北京获得确诊，27% 在上海获得确诊，异地确诊患者占比为 61%。另外，登记在册的 456 名患者提供了明确的确诊时长，平均确诊时长约为 13 年。随着近几年检测技术越来越普及和成熟、法布雷诊疗专家共识的发布、第一批罕见病目录发布等进展，这一问题正在逐渐得到改善。

（2）治疗难：酶替代疗法和 MDT 现状均有提升空间

国内最早的酶替代疗法于 2019 年获批上市，2021 年阿加糖酶 α 通过医保谈判纳入国家医保目录后，酶替代疗法才能够惠及更多患者。《法布雷报告》显示，登记在册的患者中有 91% 尚未使用酶替代疗法。此外，经专家访谈及研究发现，酶替代疗法的药物、MDT 协作管理和诊治对于法布雷病的治疗缺一不可。由于法布雷病涉及多脏器器官的特点，加强多学科对该疾病的认识及协作诊治至关重要。但是让相关科室的医生都深入了解法布雷病并不现实，也不利于医疗资源的高效利用，建立 MDT 协作管理是未来的发展方向。同时还应该培训和引导更多的临床医生，建立规范的诊疗路径，严格把握治疗指征并给予患者精准的治疗。

（3）保障难：酶替代疗法刚刚纳入医保，自付费用仍不低

根据《法布雷报告》总结，在 2021 年之前，仅部分地区，如浙江、江苏、山东在罕见病保障政策中纳入了酶替代疗法，还有部分地区通过大病保险、健康扶贫、惠民保等途径补充保障。2021 年 11 月，阿加糖酶 α 通过国家医保谈判纳入了医保范围，价格大幅下降，各地参加城乡居民医保和城镇职工医保的患者，在政策范围内报销比例均达 70% ～ 80%，自付部分大幅度降低。然而，几十万的自付数额对于一些普通患者家庭来说依然是巨大的的负担。建议地方大胆创新，支持普惠险等商业健康险发展，探索并建立罕见病多层次医疗保障机制，减轻患者经济负担。

（4）落地难：药物可及性较差、医疗卫生服务体系不完善

《法布雷报告》总结了在阿加糖酶 α 进入医保后，在各地政策落地的过程中，出现的"最后一公里"的问题，其中包括药物可及性问题，如院内进药困难、院外双通道药店政策落地困难等；医疗卫生体系不完善，如各级医院诊疗水平差距大、没有建立配套的酶替代疗法药物输注服务、多学科诊疗团队欠

缺、长期随访体系不健全等。

3. 从患者及患者组织的角度探索解决方案

（1）法布雷病患者组织参与推动政策及诊疗的成果总述

2007 年，最早一批确诊的法布雷病友建立了中国法布雷病社群，联合专家进行了一系列疾病认知推动和政策倡导工作。2013 年，我国首次发布了《中国法布雷病诊治专家共识》，帮助更多患者缩短了疾病确诊时间。2015 年，法布雷病患者组织正式更名为法布雷病友会，其影响力及推动能力不断加强，并开始患者登记工作。2018 年是法布雷病诊疗水平发展的重要转折点，法布雷病被顺利列入国家第一批罕见病目录和临床急需境外新药名单，夯实了相关政策基础，加速了药物审批。此后，在多方不断努力下，药物可及性和可负担性得到了极大的提高，阿加糖酶 α 于 2021 年通过医保谈判纳入国家医保目录，补充支付方式也在不断延伸。

（2）探索解决方案：患者组织需要企业的支持

1）重要的基础工作：患者登记

患者群体人口学分析预判、社会经济学调查主要依赖患者基础数据的全面收集，也就是开展符合标准的患者登记工作。法布雷病友会成立早、发展快，组织相对独立，有条件开展患者登记和数据管理工作，但具体实施还需要更多的赋能。在这方面，企业可以提供相应的支持，包括技术、人员、资金等，但需要注意在合作过程中保证患者组织收集数据的独立性，保证数据所有权归属于患者组织，保护患者隐私。

2）解决确诊难：提升临床医生对法布雷病的认识

解决患者诊断困难最重要的是提高医生对法布雷病的了解，在患者出现症状时考虑法布雷病的可能，加强后续诊断及治疗。医生群体对法布雷病的认识可以通过出版临床诊疗共识并配套临床医生教育来提高。例如，2013 年，在法布雷病友会和专家的积极推动下，第一版《中国法布雷病诊疗专家共识》发表；时隔 8 年，2021 年第二版《中国法布雷病诊疗专家共识》发布，标志着中国法布雷病诊疗水平及意识的提升。企业支持患者组织开展医患交流会、参与制定诊疗共识、开展线下或线上医生教育、制作医院科室疾病科普海报等活动，其对医生和患者组织来说尤为重要。

3）解决治疗难：患者参与药物研发环节

全球经验来看，患者组织对于推动药物研发起到重要作用。中国患者用药主要依靠在国内上市的国外研发药物或国内药企自主研发的药物。患者组织可以与药企团队合作以开展市场预测、经济学研究；在国内自主药物研发的政策环境下，药品的全生命周期离不开招募患者配合临床试验等活动。患者组织有着联络并集中各地患者参与调研或临床试验的强大功能，企业在与患者组织合作的过程中应摸清患者对于疗效及临床试验环境等需求，设计人性化的环节，提升患者与药企的合作体验。

4）解决保障难：层层关卡逐一突破

药物保障有多重含义，以法布雷病为例，疾病加入国家第一批罕见病目录、药物加入临床急需境新外药名单、相应治疗费用纳入国家医保目录都是保障的重要维度。目前全球已知的罕见病共有 7000 多种，然而我国当前第一批罕见病目录仅包含 121 种疾病。将疾病加入国家罕见病目录是政策改善的基础之一，也是后续企业与国家或地方政府进行医保目录谈判时的原则性证据。企业支持患者组织扩大组织规模、赋能患者组织独立采集患者数据、提升疾病的社会认知度，都有利于疾病被列入国家罕见病目录。疾病进入目录后，才能有机会过渡到药品的医保谈判或支付方式的探索阶段。

国家医保谈判，除企业和医保局对谈外，患者的话语权也应占很大比重。患者的生存状况、疾病负担和药物干预情况都来源于患者本身数据支撑，这些数据都是重要的衡量标准和谈判材料。但是"国谈"耗时长，短期成功率低，同时也要探索其他支付方式。除基本医保这一主要支付方式外，还有其他补充性保障方式，包括大病医保、医疗救助、专项基金、惠民保、慈善基金等。此外，企业应积极提供患者援助项目的机会，减轻患者经济负担。

5）解决落地难：患者切实得到政策保障的最后一关

政策落地的"最后一公里"问题包含三块内容，一是支付；二是药物可及性；三是医护服务能力。针对药物可及性的问题，《法布雷报告》做出了分析：高值药在进入国家医保目录后，各地医院进药和用药都会有不同程度的阻碍，这其中主要是受到各级医院进新药的动力不足、处方额度受药占比和疾病诊断相关分组（diagnosis related groups，DRG）管控措施等方面的影响。针对此问题建议：一是推动双通道落地，通过医保定点医疗机构和医保定点零售药店两个渠道，合理满足不同人员的需求并同步纳入医保支付范围；二是推动院内进药准入，在这一阶段患者组织能力有限，但企业仍应鼓励并支持法布雷病友向当地专家和医院积极提出诉求和需求，通过临采和正式进药等方式，实现高值药物准入。

以上内容从法布雷患者及患者组织的角度探索了对现存问题可能的解决方案，也适用于面临类似问题的其他罕见病患者群体。政策及诊疗环境的改变并非朝夕之事，需要社会各方持之以恒的耐心和努力，促进健康公平。

（3）法布雷患者案例一则及启发

30岁的小耿是一位法布雷病经典型患者，2000年偶然被确诊。由于当时条件限制，很长一段时间都没有重视疾病也未定期随诊。2015年因疾病发展再次就诊时，此时国内还没有酶替代疗法上市，第一版的《中国法布雷病诊疗专家共识》也才刚刚发布两年。小耿加入了法布雷病友会，希望能明确治疗方法和预后情况。2016年，曾经为小耿确诊过的北京大学第一医院袁云医生的学生张巍医生通过病友会联系上了小耿，对小耿进行了酶活性和相关器官的全面检查，并给出了对症治疗的相关建议。近几年来，小耿在北京积极随访治疗，目前除了肾病之外，其他器官受法布雷病累及的情况不是很显著，没有出现严重的心、脑、肾病变。这一状况得益于较早的确诊和北京良好的诊疗资源。

2019年阿加糖酶 α 上市之后，小耿一家最大的希望是尽早能用上酶替代药物，但即便不足量用药，年费用也预计40万，他无法长期负担这部分费用。于是小耿的爱人王女士从零开始摸索学习如何为患者发声，多次与北京市医保局相关部门进行沟通，也通过民政、信访、市长信箱和12345政务服务便民热线等方式反复呼吁，希望能通过自己和其他病友的努力推动法布雷病相关保障政策的完善。2021年，阿加糖酶 α 最终通过医保谈判纳入国家医保范围。在确诊后的第22年，小耿终于等来了拯救自己生命、给全家带来希望的药物。

对于小耿和绝大多数法布雷病患者来说，与疾病的抗争过程都是一场持久战。在此过程中，任何一个环节的缺位都会导致患者的治疗受阻。企业愿和患者组织及各相关方一起努力，保障患者的治疗可及。

案例 3.5　治疗偏好研究赋能患者参与医疗决策

刘　鑫　严晓鹏　金琇泽

SMA 是一种常染色体隐性神经肌肉罕见疾病，由于运动神经元存活基因 1（survival motor neuron 1，SMN1）的缺失或突变，SMA 患者无法产生足够功能性运动神经元存活蛋白，导致进行性的肌肉萎缩和肌无力[1]。SMA 在欧美人群存活新生儿中的发病率约为 1/10 000，携带者频率为 1/50 ～ 1/40，位居 2 岁以下儿童致死性遗传病的首位，中国人群中的携带者频率约为 1/42，每年约新增1000 例 SMA 患者[2]。根据患者发病年龄和患者可获得的最大运动功能不同，SMA 可进一步细分为 5 种亚型（0 ～ 4 型），其中 0 ～ 3 型占比 > 95%[3-4]。

SMA 治疗药物在近年相继获批和上市，大大改善了患者的生存状态与生命质量，为患者带来获益。目前 FDA 已批准 3 种药物用于 SMA 的治疗，给药方式各不相同，如口服、静脉输注、通过腰椎穿刺进行鞘内注射等，不同药物在主要终点改善方面不尽相同。面对不同的给药方式，SMA 患者和照护者在选择时会如何考虑，他们对新的治疗手段又有怎样的需求？ 2021 年发表在 *Orphanet Journal of Rare Disease*（IF= 3.687）杂志上的一项研究[5]，使用离散选择实验（discrete choice experiment，DCE）的方法，对该问题进行了分析与解答。

1. 为什么要开展患者治疗偏好的研究？

SMA 疾病无疑给患者和照护者带来了沉重的生活负担，也造成了高昂的直接或间接的经济支出。患者存在巨大的未满足治疗需求。目前已获批的 SMA 治疗修正药物主要包括索伐瑞韦（Zolgensma）、诺西那生钠（Nusinersen）和利司扑兰（Risdiplam）。其中索伐瑞韦为基因疗法，通过静脉注射给药，诺西那生钠和利司扑兰需终身用药，给药方式分别为脊髓腔鞘膜内注射和口服。但对于 SMA 患者和照护者如何看待治疗过程中与给药途径相关的潜在风险，对不同特点的治疗药物的选择有什么样偏好，关注度十分有限。然而，在决定正确的治疗选择时，专业人员及患者和护理人员需要考虑许多因素，这些利益相关方或医疗决策者对于治疗获益和风险的态度与偏好，不仅会影响新药的研发和审批，也会影响对潜在的新治疗手段的评估，应该被充分研究与应用。因此，本研究将基于 DCE 的理论基础，构建科学的评估模型，来探索患者对于 SMA 治疗的态度与选择偏好，从而为 SMA 治疗和管理水平的改善提供高质量的证据支持。

2. 什么是离散选择实验？

本研究的主要目的是探索患者对 SMA 治疗的"偏好"问题，基于 DCE 的方法进行。偏好可理解为在若干治疗方案中进行的效用最大化选择，不同的方案通常包含不同的特征或属性，而 DCE 是一种可以在具有两个或以上不同特征（属性）的方案之间进行综合权衡的偏好测量方法，DCE 最早被应用于市场和交通领域，现作为一种定性测量不同干预措施、产品或政策偏好的研究方法，已应用于市场、环境、运输经济等领域的选择偏好研究，并于 20 世纪末被计量经济学家等引入卫生经济领域进行了应用和发展。因其在实验设计和数据分析方法上的特有优势，目前已被广泛应用于卫生领域的偏好研究之中 [6-8]。在本研究的 DCE 中，患者需要在一组包含不同属性的选项中选择他们最喜欢和（或）最不喜欢的选项，具体包括运动、呼吸功能的改善水平、适应证、给药途径和频率、对患者的潜在危害程度等维度让患者对治疗方式 A 或 B 进行选择，该示例采用了两项、两阶段回答的 DCE 设计模式，其理论基础为：①各选项可通过若干属性进行解释。②患者偏好的价值取决于这些属性的水平值。③患者是基于潜在的效用函数（即追求效用最大化）进行选择的。基于以上理论假设，构建不同选择方案带来的效用模型 [9]。DCE 的优势在于：①在治疗方案中可以包含多个属性，并且某些属性/水平可以是当前并不存在的。②基于实验设计构建 DCE 方案，每一属性的效用值在统计分析时可以进行独立的定量评估 [10]。

3. 患者如何参与 DCE 研究设计？

有了理论基础和方法学的支持，接下来是展开调研生成证据。如前所述，既然要探寻患者对 SMA 不同类型治疗的选择偏好，那么首先需要找到能提供患者意见的群体。可以想象，罕见疾病的患者群体先天人数不足且分散，但很幸运的是，SMA 疾病领域在全球有一些非常有影响力的患者组织存在，CureSMA 是美国一家致力于 SMA 治疗和患者社群服务支持的公益性组织，通过资助或直接进行 SMA 相关的研究为 SMA 患者和家庭提供帮助。该机构不仅能为快速召集调研对象提供平台和途径，而且基于对患者群体的了解，在研究设计中也能提供支持。在本研究中，Genentech 咨询了来自 CureSMA 组织的医疗专家，设计了涵盖各方面治疗手段特点的调查问卷，从给药途径、作用机制、安全性、疗效、治疗时间安排、现有的治疗研究数据，以及自付费用等不同属性，来收集患者 / 照护者的治疗偏好，具体设计与步骤如下。

（1）问卷设计：确定离散选择实验各研究属性及其水平

本研究依据 DCE 理论基础，结合 SMA 疾病特点，先通过系统全面的文献综述来识别 SMA 治疗的重要特征，最终选择的特征需对于临床和受访者均具有实际意义，再从以上特征中确定纳入 DCE 中的属性并设置相应水平。因素和水平越多，可选方案就越多，由于无法纳入被调查者认为重要的所有属性，因此要确保所纳入属性对绝大多数被调查者而言有显著意义。研究最终纳入的属性包括运动、呼吸功能的改善水平、适应证、给药途径和频率、对患者的潜在危害程度。

（2）样本量：确定调研所需样本量

DCE 研究中最小样本量取决于许多标准，例如，问题格式、选择任务的复杂性，以及所需的结果精确度等，以往文献关于 DCE 样本量的计算并无明确的规定。根据经验，认为每类研究对象样本量为 50 ～ 150 名即可满足 DCE 的资料分析要求，本研究基于以上标准，结合 SMA 专家和 CureSMA 专家的建议，最终确定将招募 80 名患者和 20 名照护者，该样本量足以通过 Johnson 和 Orme 方法估计我们统计模型中的主要影响[11]。

（3）资料收集：预访谈与正式访谈

完成问卷设计后，对方便受访者样本进行了一对一的半结构化认知访谈，以测试问卷的可理解性、信息描述的适当性，以及受访者在权衡问题的理解上是否有困难。本研究对包括 SMA 患者和照护者在内的 5 名受访者，通过电话会议或视频会议进行预访谈，以此来验证问题设置的合理性和可理解性。基于预访谈结果，问卷最终定稿并通过电子邮件发送给 100 名受访者进行填写。

除此之外，本研究还收集了受试者的临床和社会人口学特征，如年龄、性别、种族 / 民族、就业状况、收入水平、保险状况、教育水平、婚姻状况、

SMA 治疗史和状态，以及临床病史，包括过去的手术等。

（4）统计分析：基于条件 Logit 模型框架的 DCE 分析

根据属性与水平设定，每位受访者收到了一系列共计 12 个权衡问题，用于评估 SMA 治疗偏好。对人口统计学和临床特征进行描述性统计，采用基于条件 Logit 模型的理论框架来评估选择偏好。该分析的结果包括估计 LogOdds 相对偏好权重和优势比检验，所有估计值均以 95% 的置信区间报告。依据 DCE 可以通过各属性水平的参数值估算患者的治疗偏好、预测在不同属性和水平组合下患者选择模拟 SMA 治疗方案的概率、纳入属性的相对重要程度，以及不同人口学特征人群选择偏好的差异。

4. 研究结果

共 101 名受试者（65 名 SMA 患者和 36 名照护者）被纳入分析，年龄分别在 1 ～ 67 岁，女性占比为 64%，81% 为白种人。共有 21 名患者为 1 型 SMA，48 名 2 型，29 名 3 型和 1 名 4 型。68% 的患者在 18 月龄前出现首次症状，58% 使用过诺西那生钠。

Logit 模型分析显示，治疗效果方面，患者和照护者高度重视对运动功能和呼吸功能的改善 [回归系数（regression coefficient，RC）0.65，95% 置信区间（confidence interval，CI）0.47 ～ 0.83 和 $RC = 0.79$，$95\%CI$：$0.60 ～ 0.98$]；给药途径方面，对比重复的鞘内注射给药，患者和照护者强烈偏好口服给药和一次性输注给药（$RC = 0.80$，$95\%CI$：$0.60 ～ 0.98$ 和 $RC = 0.51$，$95\%CI$：$0.30 ～ 0.73$）。

研究按照不同的标准分亚组 [SMA 分型（1 型、2 型或 3 型）、年龄组（≤ 2 岁、3 ～ 17 岁或 ≥ 18 岁）、是否接受过基因治疗、是否接受过诺西那生钠治疗、是否进行过脊柱手术] 进行了进一步的条件 Logit 模型分析。结果显示所有的亚组均优先重视运动功能和呼吸功能的改善（1 型和 2 型 SMA 患者更重视呼吸功能的改善，而 3 型 SMA 患者更重视运动功能的改善）。在给药途径和频率方面，所有亚组均偏好每日口服给药的方式和频率。在评估药物获批人群时，所有的亚组都更偏好获批人群包含儿童和成人。有趣的是，研究中未接受过诺西那生钠治疗的患者中，对比每年 3 ～ 6 次的鞘内注射方式，并不会更倾向于选择一次性的静脉输注方式（$RC = -0.65$，$P < 0.05$）。既往接受过脊柱手术的患者会更强烈偏好每日口服的给药方式，而非重复鞘内注射。

5. 研究结论

该研究表明运动功能、呼吸功能、广泛适应证、每日口服给药和最小风险的改善是 SMA 患者最关注的治疗模式属性。交叉属性权衡分析表明，即使可增加疗效获益，患者依然对高风险治疗的选择意愿较低。对于一些患者，可能愿意在疗效的额外收益中进行权衡，将给药途径从重复进行鞘内注射给药更换为口服。

6. 研究意义

患者偏好和临床背景应成为治疗决策过程中的组成部分，并根据患者的个体需求量身定制。在医疗决策的过程中，我们应认可医患双方均为"专家"的理念，医生作为临床专家提供医学专业意见，而患者作为了解自身个体需要、偏好的专家，这是一个双方做出最适合患者健康需求决定的过程。神经肌肉类疾病衡量临床获益的标尺不是一成不变的，这其中来自患者及照护者在生活中的改变和感受很大程度会影响治疗选择的方向、治疗的依从性，甚至临床结局。重视患者的治疗意愿与选择偏好（即患者对治疗方案的有效性、不良反应及费用等维度的权衡），不仅是实现医患共同决策、提高医疗服务质量的重要基础，同时也是卫生技术评估的重点[12-13]。正因为有了 101 位患者及照护者的参与，本研究填补了患者与照顾者对于 SMA 治疗中权衡获益 – 风险的态度与看法的证据空白，为创新疗法提供以患者为中心的价值评估框架。此外，本研究体现了通过调研理解患者与家庭选择偏好从而为 SMA 患者制定更加合适的治疗方案。同时，该研究明确了不同治疗药物可以为患者带来不同获益，说明了支付方需制定更加公平的福利制度以便患者可以接受最合适的治疗方式。

研究本身已有了明确的结论，达成研究目的的同时也体现了患者参与在此类研究中的价值和意义。从本案例中我们可以试想，从这些结果中，是否能进一步挖掘形成这些"偏好"背后的原因，从而发现目前治疗环境下患者及照护者尚未满足的需求，优化治疗方案，甚至给研发创新提供新的思路。此外，是否能将这些研究结论照搬为国内患者的"偏好"选择，患者在做此类"偏好"选择时，是否会因为受访群体的医疗知识储备背景而产生结果的偏倚，这些都依赖于我们对患者参与的理解，以及有待于更多患者参与 HTA 项目的开展。偏好研究的开展及决策转化与我们国内患者参与医疗决策的整体生态环境息息相关，好在近几年患者参与受到越来越多研究者，乃至利益相关方的重视，我们相信充分考虑患者个体价值、尊重患者偏好将成为患者参与医疗决策一个重要的研究方向。

7.案例点评

上海市卫生及健康发展研究中心金春林教授点评：患 SMA 是不幸中的万幸，全世界 7000 种罕见病中只有不到 10% 的罕见病有治疗药物，而 SMA 目前有 3 种治疗药物。医保实施战略性购买不仅是国际趋势，而且在中国今后会更为强调和重视。从安全性、有效性、经济性、创新性、公平性、适宜性多维度出发，采用增量成本效用分析结合预算影响分析是医保药品准入及渠道准入（如招标采购、医院及药店准入等）一直来的常用方法。但近几年来，医保药品准入及渠道准入中越来越重视患者的意见和声音，毕竟药品的使用者是患者，医保或测算专家其实只是代表被保险者（替患者）作决策。只有通过患者疾病负担研究，才能真正了解疾病的危害程度和患者未满足的需求，明白患者对新药的期待和心声，更好地反映该疾病领域患者的偏好、意志、感受，真正体现以患者为中心，以临床价值为导向。SMA 患者治疗偏好研究（离散选择实验）具有非常重要的现实意义，研究的问卷设计、样本量确定、资料收集、统计分析等技术路线和方法科学合理，研究结果可信有用，研究结论可靠有参考价值。该研究填补了患者与照顾者对于 SMA 治疗中获益和风险平衡的态度与看法的证据空白。尊重患者的意愿和选择偏好，赋能患者参与医疗决策，给予患者群体理性发声、表达诉求及建议的通道肯定是政策制定者提高治理能力所希望的，未来患者在卫生决策或药品准入中肯定发挥更大的权重和作用。

参考文献

[1] STEPHEN J KOLB, JOHN T KISSEL. Spinal muscular atrophy：a timely review[J]. Arch Neurol，2011，68（8）：979-984.

[2] YIMING LIN，CHIEN-HSING LIN，XIAOSHAN YIN，et al. Newborn screening for spinal muscular atrophy in china using dna mass spectrometry[J]. Front Genet，2019，10：1255.

[3] EUGENIO MERCURI，RICHARD S FINKEL，FRANCESCO MUNTONI，et al.

Diagnosis and management of spinal muscular atrophy：part 1：recommendations for diagnosis，rehabilitation，orthopedic and nutritional care[J]. Neuromuscul Disord，2018，28（2）：103–115.

[4] 北京医学会罕见病分会，北京医学会医学遗传学分会，北京医学会神经病学分会神经肌肉病学组，等. 脊髓性肌萎缩症多学科管理专家共识 [J]. 中华医学杂志，2019，99（19）：1460–1467.

[5] ALISHA MONNETTE，ER CHEN，DONGZHE HONG，et al. Treatment preference among patients with spinal muscular atrophy（SMA）：a discrete choice experiment[J]. Orphanet J Rare Dis，2021，16（1）：36.

[6] 胡婉侠，徐文华，徐建光，等. 我国卫生领域离散选择实验应用研究的文献计量分析 [J]. 南京医科大学学报（社会科学版），2020，20（2）：157–161.

[7] JORDAN J LOUVIERE，EMILY LANCSAR. Choice experiments in health：the good，the bad，the ugly and toward a brighter future[J]. Health Econ Policy Law，2009，4（Pt4）：527–546.

[8] E W DE BEKKER–GROB，M C J BLIEMER，B DONKERS，et al. Patients' and urologists' preferences for prostate cancer treatment：a discrete choice experiment[J]. Br J Cancer，2013，109（3）：633–640.

[9] ESTHER W DE BEKKER–GROB，MANDY RYAN，KAREN GERARD. Discrete choice experiments in health economics：a review of the literature[J].Health Econ，2012，21（2）：145–172.

[10] MANDEVILLE KL，LAGARDE M，HANSON K. The use of discrete choice experiments to inform health workforce policy：a systematic review[J].BMC Health Serv Res，2014，14：367.

[11] DE BEKKER–GROB EW，DONKERS B，JONKER MF，et al.Sample size requirements for discrete–choice experiments in healthcare：a practical guide[J]. Patient，2015，8（5）：373－384.

[12] BRIDGES JF，JONES C. Patient–based health technology assessment：a vision of the future[J]. Int J Technol Assess，2007，23（1）：30–35.

[13] 刘世蒙，李顺平，杨毅，等. 离散选择实验应用于 2 型糖尿病患者治疗偏好的文献分析 [J]. 中国药房，2020，31（20）：2524–2531.

案例 3.6　全国范围大样本调查惠及中晚期结直肠癌患者

徐慧芳　史安利　乔友林

中晚期结直肠癌患者诊疗现状调查由人民日报社《健康时报》、北京爱谱癌症患者关爱基金会、中国协和医科大学公共卫生学院、河南省肿瘤医院、北京大学中国卫生发展研究中心联合发起，是目前我国首个大样本、多中心的中晚期结直肠癌患者生存现状调查研究。

调研全面反映了我国中晚期结直肠癌患者的生存情况、疾病认知、诊疗现状、患者需求、经济负担等问题，为政策制定、临床诊疗的规范提供了依据。

1. 调研背景及目的

据 WHO 统计，2020 年，全球有超过 190 万结直肠癌新发病例及 94 万死亡病例，约占全部癌症发病和死亡的 1/10。近年来，我国结直肠癌的发病和死亡呈明显上升趋势。

《健康中国行动（2019—2030 年）》强调癌症防治全方位整体推进，并定下目标：到 2022 年和 2030 年，总体癌症 5 年生存率分别不低于 43.3% 和 46.6%。而目前我国晚期结直肠癌患者的 5 年生存率仅为 14%。

本项目拟通过开展全国多中心的大样本调研，更好地了解中晚期结直肠癌患者的就医及治疗现况、疾病认知、生存情况、经济负担、心理感受等，为解决相关社会问题提供依据，为政府相关部门建言献策，提高结直肠癌的精准治疗水平，降低患者和国家医疗负担。并以结直肠癌为试点，逐步理清其他恶性肿瘤的现状，为遏制我国癌症发病率上升趋势，最终实现健康中国行动的癌症防治目标。

2. 调研立项

全国多中心中晚期结直肠癌患者诊疗现状及医务人员认知现况调查研究于 2019 年 8 月 9 日在人民日报社举行并启动。在会上，人民日报社健康时报孟宪励总编、北京大学肿瘤医院副院长沈琳教授、中国医学科学院肿瘤研究所乔友林教授和北京大学中国卫生发展研究中心李玲主任发表了主题发言。在讨论环节，浙江大学医学院附属第二医院肿瘤科主任张苏展教授、中国临床肿瘤学会理事长、同济大学附属东方医院肿瘤医学部主任李进教授，中国医师协会结直肠肿瘤专业委员会主任委员、中国医学科学院肿瘤医院结直肠外科主任王锡山教授对调研进行了专业指导，为调研立项、开展调查、如期结题、达到预期目标奠定了扎实的基础。

3.调研内容和方法

本次调研从患者和医生两个角度出发，从生命质量、疾病认知、临床诊疗和卫生经济学等多个维度全面了解结直肠癌患者的治疗、心理和经济负担等现状。本调研在华北、东北、华南、华中、华东、西南、西北共 7 个大区开展，纳入 19 个调查点，预计收集 4400 个样本，是至今为止我国首个样本量相对较大的结直肠癌生存现状随机抽样调查。调查数据收集预计在 2020 年 6 月完成。

患者随访问卷涉及主要内容包括：基本信息、患者预后、生命质量、基线调查后诊疗情况。卫生经济学问卷涉及：患者就医情况、医保类型、直接和间接花费等。问卷主要采取一对一、面对面调查，同时查询病案系统核对、摘抄相关临床信息。

4.调研要求

第一，组织管理严谨：成立项目组织机构，专人负责，定期汇报项目进度并探讨解决存在问题，保证项目顺利进行。

第二，统一培训、规范流程：进行调研培训，选择调查经验丰富的调查人员，以受访者的视角展开调查。调查用语符合受访者的教育程度及语言习惯，避免过长和过于专业的术语，以使受访者充分理解调查内容，并积极配合，认真、完整作答。

第三，严格进行数据质量控制：对调查问卷建立、人员培训、现场组织和数据录入等一系列环节进行质量控制。通过数据核查评价数据质量，调查完成后分别由调查人员、专职质控人员进行质控，保证数据填写完整、无逻辑错误，双人双录入数据库。

5.调研结果

第一，健康意识的不足，超过 65% 的患者完全不了解结直肠癌的高危因素；84.4% 的患者不知道怎么筛查，超过 97.4% 的患者在确诊前从未做过结直肠癌筛查，导致首次确诊时，79.5% 的结直肠癌患者都处于中晚期，且 37.5% 的患者已经出现了肝、肺等脏器的转移，严重影响了疾病预后及患者的生存质量。

第二，基层医疗机构技术水平不够导致误诊，患者最后确诊最少就诊过2家医院，最多8家医院，致使患者确诊时已经失去最佳治疗时期。

第三，仅有46.4%的患者接受了基因检测，且医保不能报销基因检测费用，导致使用靶向药物只有31.3%，使用率明显低于发达国家。

第四，中晚期结直肠癌患者家庭年收入在5万元及以上的占42.6%，治疗费用支出在5万元以上者占74.9%，致使肿瘤患者经济负担沉重。

这些结果揭示了我国中晚期结直肠癌患者就医难的原因，说明提高各级医院的肿瘤规范化水平和医生诊治能力的迫切性。

6. 调研影响力

第一，2020年9月，在由人民日报健康客户端、健康时报主办的第四届国之名医盛典上，中国中晚期结直肠癌患者诊疗现状调查中期结果对外发布。

第二，2021年向第十三届全国人民代表大会第四次会议提交了《尽快在全国部分地区试点推行肿瘤诊疗规范，整体提高中国恶性肿瘤诊疗水平》提案。提案建议：提高县医院的肿瘤规范化水平是整体提高肿瘤诊疗水平的关键；以结直肠癌为试点，付费体系改革为抓手；推动"规范－医保－医院－医生联动"，将肿瘤规范化落地。

第三，2021年向全国政协十三届四次会议提交了《于以基因检测为切入点，以县域医疗机构为抓手，大力提升肿瘤精准诊疗水平》提案。提案建议：国家医保局将治疗性的肿瘤靶向基因检测纳入医保；制定具体政策措施，加强肿瘤医生培养，提升精准治疗理念；利用互联网等技术，提高基层肿瘤诊疗能力；大力加强癌症防治宣教和早期筛查。

第四，向面此类推2021年3月11日，由人民日报健康客户端、健康时报联合主办的"2021两会健康策·结直肠癌专场——推进精准诊疗，提升患者获益"专场，与会专家围绕提升中国结直肠癌诊疗水平，聚力推进结直肠癌精准医学发展建言献策大力宣传早诊早治，加强县域医疗机构人员培训，提高其医疗服务能力，提高生存率，减低死亡率，助力提升患者获益。

第五，2021年3月12日，在由人民日报健康客户端、健康时报联合主办的"2021两会健康策·肿瘤专场——肿瘤创新药物落地最后一公里"专场。建议在准入的过程要依据每家医疗机构的特色和诊疗的范围来进行药品选择；患者和医生不要盲目地追求新药，一定要选择合适自己的药品；要加强新药准入之后和医院的衔接，提升医生的诊治水平和能力，使进入医保的新药能够更加科学的应用到患者的身上；另外，可以开通新药准入的双通道，让新药不仅能进入医院，患者也可以从院外规范的药房处买到药品。

第六，2021年4月28日，第十三届健康中国论坛在北京举行，史安利教授、乔友林教授以调查数据为基础，说明了我国肿瘤患者生存情况、疾病认知、诊疗现状、经济负担等情况。

第七，问卷结束后将结直肠癌科普知识小手册发放到患者和患者组织中，以提高患者对结直肠癌的认知度。

第八，从调查报告中确定了11个选题，撰写高质量的学术论文，其中已经刊登在《转化医学年鉴》《英国医学杂志（网络期刊）》等国际核心刊物上文章7篇。

7. 调研愿景

2022年在前期开展的全国多中心调查研究的基础上，继续对被调查的4000余例患者进行随访，以期获取更多干预后的效果。

结直肠癌是易于预防的癌症，在早期发现也是相对容易治疗的癌症，早期肠癌的治愈率＞90%；极早期的黏膜内癌几乎可100%治愈，而晚期的5年存活率在20%以下。把结直肠癌预防、筛查、诊断、治疗和康复纳入全国癌症康复组织培训计划中，有针对性的指导各地癌症康复会做好高危人群的早筛和患者全程支持服务。

8. 案例点评[*]

由北京爱谱癌症患者关爱基金会、北京协和医学院公共卫生学院、北京大

---

[*] 本案例分别由以下人员共同点评：
① 文 雯　人民日报社《健康时报》网端部主任
② 乔友林　中国医学科学院－北京协和医学院群医学及公共卫生学院教授
③ 沈 琳　北京大学肿瘤医院院长，消化肿瘤内科主任，主任医师、教授
④ 李 玲　北京大学国家发展研究院经济学教授，北京大学健康发展研究中心主任
⑤ 余艳琴　内蒙古包头医学院第一附属医院临床流行病室主任、副教授
⑥ 张韶凯　河南省肿瘤医院肿瘤防治研究办公室主任、研究员、副教授
⑦ 马 莉　大连医科大学公共卫生学院流行病学教研室主任、教授
⑧ 张 希　北京大学肿瘤医院－北京市肿瘤防治研究办公室助理研究员
⑨ 袁泽之　默克雪兰诺有限公司副总裁，默克中国医药健康肿瘤事业部负责人

学中国卫生发展研究中心、河南省肿瘤医院等共同发起并完成的大样本中晚期结直肠癌患者诊疗现状调查，给了我们很多意外的数据，如 79.5% 的结直肠癌患者在首次确诊时即为中晚期，基因检测率(41.4%)和靶向药物使用率(31.74%)也很低。

这份调查报告让我们重新审视国内的晚期结直肠癌临床诊疗现状，提醒我们临床指南和患者真实世界情况的巨大差距，也促使我们思考导致这种差距的原因。其中包括我们对患者健康知识的传播还远远不够，国内目前公众对于结直肠癌筛查的认知普遍偏低，错过早期发现的最佳时机，而临床诊疗水平也不均衡，不同学科和医院间对结直肠癌规范确诊和治疗的意识及方式存在差异。特别是在结直肠癌靶向治疗应用 10 多年的今天，还有很多患者甚至医生尚不了解基因检测和靶向治疗，患者整体的医疗经济负担较重等问题。

发现问题是第一步，解决问题才是关键，这需要医疗机构、政府决策部门、制药企业及患者组织等各方的协作。未来希望能在此调研的基础上持续跟进患者的诊疗情况、生活质量、经济负担等，深挖患者需求，为相关部门优化调整现行政策提供关键科学证据，在全国范围内提升早防早治、精准治疗的观念和理念，减少地区间诊疗差距，整体提升晚期结直肠癌治疗水平和患者的生活质量。

案例 3.7　通过卫生技术评估提升患者公共决策参与度

陈翠倩　江苇杭　窦晓雪

卫生技术评估是一种为公共决策服务的技术手段，从有效性、安全性、经济性、公平性等维度对包括药物在内的卫生技术开展综合性的评估，帮助决策者有理有据地衡量"某项卫生技术是否值得使用"，是国际上医保准入最核心的决策工具之一。患者参与卫生技术评估已在国际上广泛应用，患者可以在公共决策中起到重要作用，提升公共决策的公平性和透明度。北京新阳光慈善基金会（以下简称"新阳光"）作为国内慈善医疗救助领域最大的慈善组织之一，自 2017 年开始在卫生技术评估领域做出了一系列实践，不断学习和探索卫生技术评估在医疗慈善救助中的重要作用；依托良好的患者服务基础，持续关注患者群体的声音及其在卫生技术评估中起到的重要角色。北京新阳光慈善基金会于 2018 年发表关于培门冬酶、伊马替尼等两种药物的卫生经济报告，推动药物进入医保。2019 年，这两种药物已进入医保或新增适应证。

1. 推己及人，初步了解卫生技术评估

新阳光前身为 2002 年建立的北京大学阳光志愿者协会，现已成为国内最大的、专注于医疗卫生服务的慈善组织之一。新阳光发起人兼秘书长刘正琛是一位长期带病生存的白血病患者。白血病是最常见的恶性肿瘤之一，分为急性白血病和慢性白血病。无论是哪种分型，患者都会面临高昂的药物费用。其中，儿童群体中急性白血病多发且恶性程度更高、病情发展更迅速，极度危害患儿生命的同时，给患儿家庭带来了沉重的经济负担。刘正琛秘书长有着白血病患者这一特殊身份，对于白血病患者的经济负担有切身体会。药物是否进入医保与患者端承受的药物价格、患者的疾病经济负担有直接关系，因此，新阳光对于药物医保准入的各阶段信息都非常关注。

在国内的药物医保准入流程中，社会组织没有直接参与的渠道。此外，在很长的一段时间内，《国家基本医疗保险、工伤保险和生育保险药品目录》（以

下简称"国家医保药品目录")的调整频率不高，仅分别在 2000 年、2004 年、2009 年调整，很多大病用药都没有被纳入当时的医疗保障报销范围中。新阳光对患者的用药情况、生存情况一直予以密切关注。社会组织如何间接地推动药物进入医保呢？ 2013 年，刘正琛秘书长在参加国际慢性粒细胞白血病患者组织的会议时，第一次接触到"卫生技术评估"这个概念，他意识到了这个工具推动医保决策的重大潜能。

卫生技术评估是什么？卫生技术指的是医疗卫生知识的应用；药品、医疗器械、生物制剂等都属于卫生技术。卫生技术评估则是一种为公共决策服务的技术手段，由临床医生、卫生经济学家或药物经济学家、患者组织等从有效性、安全性、经济性、公平性等维度对卫生技术开展综合性的评估，帮助决策者有理有据地衡量"某项卫生技术是否值得使用"。国际上，卫生技术评估已经成为医保准入最核心的决策工具之一。

2013—2017 年，刘正琛秘书长对卫生技术评估保持着持续的关注和学习。在这个阶段，国内对于卫生技术评估的应用非常少；已有的卫生技术评估偏重于经济性评估，较为忽视药物的社会价值及患者未被满足的治疗需求。卫生技术评估的参与者也仅限于医学临床专家及药物经济学专家，导致患者及其他公众人士对卫生技术评估的了解十分稀缺。如何让卫生技术评估走出象牙塔，走进大众的生活，让患者群体能真实地受益于卫生技术评估呢？新阳光萌生了将卫生技术评估应用于医疗慈善救助的想法。

2. "联爱工程"项目背景

2017 年，新阳光将目光锁定到了广东省河源市。河源市地处广东省东北部，2017 年，河源市常住人口 309.11 万人，生产总值 952.12 亿元，排在广东省 21 个市的倒数第三。

2017 年 3—4 月，新阳光在河源市开展初步调研时发现，河源市诊疗儿童白血病的能力暂时还不完备，很多患者及患者家庭无奈地前往广州市、深圳市等地求医。这个过程会增加患者家庭的交通费、租房费、误工成本。在此之上，患者异地医保报销也有一定的限制，不仅需要提前办理转诊、申办医保异地报销待遇，而且报销比例比在本地治疗更低。这一系列因素导致白血病患儿家庭因病致贫、返贫的问题甚是严重。即便表面上看医疗服务及药品报销比例不低，但医保费用分担结构十分复杂，仅起付线上、封顶线下、医保统筹范围内的费用项能够按报销比例给予部分报销，其余部分需要患者自行承担。治疗白血病必用的好药、特效药，如常用的化疗药物培门冬酶、靶向药伊马替尼、抗生素替加环素等都不在当时的医保药品目录内，导致患者医疗费用整体报销比例远低于目录内药品的报销比例。

基于这些情况，新阳光联合中兴通讯公益基金会、深圳市拾玉儿童公益基金会、深圳市恒晖儿童公益基金会设计了以白血病为试点病种、河源市为试点地区的儿童癌症综合控制项目——"联爱工程"项目。项目以"联合爱，让因病致贫从现代中国消失"为愿景，与政府部门密切合作，融合了公共卫生、临床医学、社会工作和卫生经济、公共政策等多个学科。项目的基本框架由以下4个方面组成。

（1）设立"联爱·慈善医保补充报销基金"，提高医保统筹范围内报销比例

医保费用分担结构十分复杂：患者医保类型、就医医院等级、是否住院、是否异地就医等因素都会影响医保报销比例。2017年，河源市对医保目录内的白血病药物报销比例约为57.5% ～ 65%。

"联爱工程"项目在基本医保报销和大病保险报销的基础上，将河源籍儿童白血病患者医保统筹范围内（指医保药品目录、诊疗项目目录和医疗服务设施范围目录内）的费用报销比提高到90%，将河源籍、来自建档立卡贫困户家庭的儿童白血病患者医保统筹范围内的费用报销比提高到100%。

（2）创办"联爱工程卫生技术评估中心"，扩大报销范围

对未被纳入医保药品目录范围的药物开展卫生技术评估，并将有效性、经济性、公平性突出的药物纳入试点地区慈善补充报销目录中。

（3）设立"联爱·优医中心"

为试点地区的学科带头人、基层医生提供进修机会和培训资源，进一步提高试点地区的专科治疗能力，为患者留在当地治疗创造条件。

（4）配置"联爱·肿瘤社工中心"

为患者提供心理疏导服务及个案、小组和活动等社会工作服务，满足患者的非医疗需求。

2017年8月，"联爱工程"项目在广东省河源市正式启动。2019年，项目试点地区已从广东省河源市转移到青海省全省。2021年，青海省试点病种除白血病外还增加了实体瘤和淋巴瘤。

3.实地调研了解河源情况，为患者发声

因为2017年河源市当地医院暂无诊疗儿童白血病的能力，所以刘正琛秘书长带领新阳光研究团队，对接了在各地治疗且来自河源市的白血病患者，并在他们所在的医院开展实地调研，通过访谈等研究方法了解患者的治疗情况、用药情况和疾病经济负担。一位来自中国社会科学院健康业发展研究中心的顾问在参与患者访谈工作后非常有感触地说道："做医改十多年都没有跟患者这样一对一地访谈过，就只是去医院泛泛地走一走看一看，没有跟患者这样深入地谈40分钟至1小时。"

不同医院的不同患者家庭都不约而同地提到治疗儿童急性淋巴细胞白血病（以下简称"儿童急淋"）的一线用药——培门冬酶。届时，培门冬酶不在医保报销范围内，这是造成患儿家庭沉重医疗负担的主要原因之一。调研团队通过医生、患者之口了解到，培门冬酶注射液的包装剂量是为成人患者设计的，儿童患者每次需要的剂量是成人的一半。因此，为了避免药物的浪费，也为了减轻患儿家庭的负担，医生有时会建议两个孩子共用一支。虽然这样的使用并不规范，对患者和医护人员都有风险，但这是患者家庭出于经济压力的无奈之举，也侧面体现了当时的药物在研发设计阶段并没有充分考虑到儿童的用药需求。

这些信息无法通过已有的公开文献和资料获取，需要通过与患者、患者家庭，以及患者的临床医生接触得到。只有鼓励患者和家庭积极发声，细致地表达自己的用药情况、用药需求，才能使各相关方在药物的全生命周期以患者为中心。

基于调研结果，"联爱工程卫生技术评估中心"邀请北京大学公共卫生学院、复旦大学公共卫生学院的研究团队分别对培门冬酶、伊马替尼进行卫生经济评估。评估的目的有两个：①从短期目标来说，新阳光及合作机构希望通过科学透明的方式，系统性衡量这两个药物是否具有有效性、经济性和公平性。希望以慈善救助先行的形式，将该药物纳入"联爱·慈善医保补充报销基金"的报销范围。②从长远目标来说，新阳光及合作机构希望国家医保局能够对这两个药物在儿童白血病患者中的使用给予更多关注、产出报告并向有关部门递交，推动这两个药物的医保准入，从根本上减轻全国各地患者的经济负担。

4. 卫生技术评估、政策评估双线并行、殊途同归

了解培门冬酶和伊马替尼在儿童急淋临床治疗的重要性和医疗保障的不足后，新阳光邀请两个高校研究团队分别针对这两个药物开展卫生技术评估，报告于 2018 年中旬完成并发布。除卫生技术评估外，新阳光在 2017 年 12 月委托山东大学医药卫生管理学院、国家卫健委卫生经济与政策研究重点实验室完成对"联爱工程"儿童癌症综合控制项目的政策评估报告，报告于 2018 年同步发布。

（1）《培门冬酶治疗中国儿童急性淋巴细胞白血病卫生经济学评价》

《培门冬酶治疗中国儿童急性淋巴细胞白血病卫生经济学评价》由北京大学公共卫生学院研究团队开展。研究团队针对儿童急淋治疗一线用药门冬酰胺酶和培门冬酶进行了卫生经济学评价。

培门冬酶和门冬酰胺酶被《儿童急性淋巴细胞白血病诊疗建议（第四次修订）》推荐为一线药物，在临床实践中得到广泛应用[1]。虽然门冬酰胺酶有较好的抗急性淋巴细胞白血病细胞活性，能达到 80% 的长期无事件生存率[2]，但是会导致过敏性休克、胰腺炎等不良反应[3]。培门冬酶在保留了门冬酰胺酶生物活性的同时，还有比其长约 5 倍的半衰期[4]，并且由于培门冬酶的抗原性较弱，所以临床上通常将其作为患者对门冬酰胺酶过敏时的替代药物[5]。

当两者均作为一线用药时，培门冬酶的成本高于门冬酰胺酶。当培门冬酶的定价在 3133.6 ～ 3313.7 元时，治疗儿童急淋的成本与门冬酰胺酶相同；当培门冬酶价格低于 3133.7 元时，有与门冬酰胺酶相比更低的价格和更少的过敏反应。分析指出，如果计划将培门冬酶纳入医保目录，谈判价格至少要低于 3133.7 元。

（2）《对伊马替尼联合化疗作为儿童费城染色体阳性的急性淋巴细胞白血病一线治疗方案的卫生经济学评价》

《对伊马替尼联合化疗作为儿童费城染色体阳性的急性淋巴细胞白血病一线治疗方案的卫生经济学评价》由复旦大学公共卫生学院、国家卫生健康委员会卫生技术评估重点实验室的研究团队开展。该报告对儿童费城染色体阳性急性淋巴细胞白血病（以下简称"儿童 Ph+ 急淋"）的一线治疗方案——伊马替

尼联合化疗进行了卫生经济学评价。儿童 Ph+ 急淋是急性淋巴细胞白血病中最难治的亚型之一，在儿童急淋中的发病率仅有 3% ～ 5%。

2017 年，伊马替尼在《国家基本医疗保险、工伤保险和生育保险药品目录（2017 年版）》中属于乙类医保类别，其对应的适应证仅"限有慢性髓细胞性白血病诊断并有费城染色体阳性的检验证据"。这对于患者报销是一个非常大的限制。适应证指的是药物等卫生技术适合运用的范围和标准。根据有关规定，只有在适应证内使用该药品所发生的费用可按规定报销。虽然临床上 Ph+ 急淋患者使用伊马替尼的情况十分普遍，但是 Ph+ 急淋患者使用伊马替尼不能通过医保报销，这意味着患儿家庭将要承受极重的经济负担。而研究结果表明，与单纯化疗方案相比，伊马替尼联合化疗比单纯化疗具有明显的成本效果优势，因此儿童 Ph+ 急淋适应证纳入医保目录报销范围是具有经济性的。

（3）《基于联爱工程提高河源市儿童白血病报销比例的政策评估报告》

《基于联爱工程提高河源市儿童白血病报销比例的政策评估报告》由山东大学卫生管理与政策研究中心、国家卫生健康委员会卫生经济与政策研究重点实验室的研究团队主导撰写，运用文献整理、数据分析、现场及在线问卷调研、定性访谈等方法，深入探索了白血病患儿求医、治疗、用药的情况和患儿家庭的疾病经济负担，系统性地分析了"联爱工程"项目提高河源市儿童白血病报销比例这一措施的实施情况及其对于减轻患者家庭经济负担的作用。

为了完整统计患儿家庭花在白血病治疗上的所有花费，报告将花费分为了直接医疗经济负担和直接非医疗经济负担两种类型，直接医疗经济负担指的是患儿家庭直接花在医院、药店等卫生保健部门的费用；直接非医疗经济负担指的是在求医治疗过程中，患儿和家人、陪护人产生的食宿费、交通费、营养费、护理费等其他花费。

报告指出，白血病患儿家庭疾病经济负担沉重。根据治疗阶段不同，患儿家庭直接医疗经济负担平均为 152 660.71 ～ 395 714.29 元；患儿家庭直接非医疗经济负担平均为 28 748.19 元。90% 的患儿照顾者在孩子患病后收入减少，65% 的患儿照顾者完全没有收入；调研中所有白血病患儿家庭均因孩子看病而向亲戚好友借款，借款发生率为 100%；所有家庭均处于河源市公布的 2016 年最低生活保障线以下（2016 年河源市家庭人均月收入最低生活保障线 2048.00 元，报告调研的白血病患儿家庭人均月收入平均为 688.14 元），家庭灾难性卫生支出发生率为 96.77%。

药品费用居高不下是患儿家庭经济负担重的关键因素。患儿常使用的药品中，医保目录外药物占了很大比例，这些药物的类别包括抗肿瘤药物、靶向药、抗生素等。报告显示，培门冬酶几乎是每个患者都需要在院外自费购买的药物，每一支价格高达 4000 元，这一观察与新阳光前期调研结果一致。在政策建议部分，报告呼吁医保准入部门基于卫生经济学评价证据，将部分医保目录外药品纳入医保报销范畴。

政策评估报告与卫生技术评估报告同时开展、平行完成、同时发布。政策评估报告探讨了患儿家庭的经济现状和经济需求，指出培门冬酶等医保目录外自费药物是患儿家庭经济负担的主要构成因素；卫生技术评估报告探讨了将培门冬酶、伊马替尼等具体药物纳入慈善医疗救助、医保报销范围的合理性和可行性。虽然两个团队在调研时交流不多，但是政策评估报告得出的结论印证了卫生技术评估的必要性，以及新阳光团队选择培门冬酶、伊马替尼药物作为卫生技术评估对象的准确性。新阳光初步调研时得出的结论得到了更严谨的支持，多条研究路线殊途同归。

5. 卫生技术评估与政策倡导有效衔接

在国内目前的药物医保准入流程中，社会组织没有直接参与的渠道。若希望推动白血病治疗药物进入医保，只能通过间接的途径（拜访有关部门、递交相关证据），这使得证据的呈现方式变得十分重要（新阳光在一线工作中积累的对药物经济性、有效性、公平性的观察需要通过研究报告、政策评估报告呈现）。新阳光认为，技术分析需要和政策倡导相结合（卫生技术评估不仅是一个药物经济学工具，更有潜力构成推动药物进入医保药物全生命周期的重要一环）。因此，"联爱工程"在项目设计、执行和落地的过程中都有政策倡导的意识，注重报告等研究结果的产出。

2018 年 6—7 月，两篇卫生经济评估报告，一篇政策评估报告完成并得以公布。它们都在政策倡导的工作中起着不可或缺的作用：2018 年 10 月 10 日，培门冬酶作为 17 种抗癌药之一被成功地纳入国家医保药品目录，谈判价格低于新阳光在报告中测算的成本有效临界价格。2019 年 4 月，新阳光拜访国家医保局并与相关决策者进行了面对面会谈，整理"联爱工程"阶段性项目成果汇报材料，包括卫生技术评估报告、政策评估报告等材料，向决策者汇报项目进展和成果。在 2019 年的国家医保药品目录调整工作中，儿童 Ph+ 急淋成功被纳入伊马替尼的适应证，从此，这类患者使用伊马替尼可以通过医保报销。

6. 关注卫生技术评估中的患者参与，发挥公益机构特色

2018—2019 年，新阳光在刘正琛秘书长的带领下拜访了多家国内和国际的卫生技术评估机构，了解了国内和国际卫生技术评估的先进案例。近年，关注卫生技术评估的单位呈增长趋势。国家卫生健康委员会卫生发展研究中心、卫生部卫生技术评估重点实验室（复旦大学）、复旦大学药物经济学研究与评估中心等多个学术和科研机构都密切关注卫生技术评估的推动。它们都拥有极其优质的学术资源和专家团队，与政府相关部门有较深的合作基础。

新阳光希望能在卫生技术评估领域找到自己的道路，做出差异性、做出特色。学术机构与卫生经济学、药物经济学专家的联系极为紧密；政府机构拥有无法匹敌的政策敏锐度；作为公益机构，新阳光的优势则体现在与患者的联系上。新阳光已经向 7500 余名患者提供了经济资助，服务患者 63 万人次，赋能了 70 个初创或草根公益组织的项目（数据截至 2022 年 12 月）。了解患者群体的真实生存情况，了解患者的疾病经济负担，能够精准定位患者的用药需求，能够调动患者及患者组织的主动性——这些都是新阳光在 20 年的公益经验中，从踏实、细致的一线工作中积累的能力。

回顾过往，新阳光 2017 年开展的卫生技术评估工作虽然独具创新性和社会价值，但还有提升的空间。如果再回到 2017 年，新阳光的卫生技术评估工作会有什么不同呢？当被问到这个问题，刘正琛秘书长这样说："我们在卫生技术评估中的定位可以更清晰，要做我们擅长的方向。我们有公益组织的底色，患者参与是我们核心的优势。"新阳光可以在原有卫生技术评估流程的基础上完善以下方面。

（1）加入一个严谨的、对公众开放的药品遴选流程

遴选是卫生技术评估前期的一个环节，目的是通过规范的流程选出合适的卫生技术评估对象。以"联爱工程"项目举例，遴选环节可以邀请项目开展的医生、患者组织、患者代表等开展药物提名，通过临床专家、卫生经济学专家等专业人士组成的委员会对药物提名开展审核和筛查，找到若干个符合资助方向、临床医生频繁使用、患者需求大、医保未完全覆盖的药物，再对这些药物

开展卫生技术评估。

简单而言，遴选环节是一个"定题"的过程。2017年新阳光的工作并未包含这个环节，这时的卫生技术评估就像"命题作文"，题目的选择依照机构的判断。虽然机构的判断也基于一线的资助工作经验、现场调研和临床医生的推荐，但是判断的过程没有严谨地体现在卫生技术评估报告里，患者和医生的直接参与度比较低。包含了遴选流程的卫生技术评估则像一篇开放式作文，患者可以通过规范的途径参与到"写什么"的决定中。

（2）加入直接和间接的患者参与环节

卫生技术评估中的患者参与可以通过直接和间接参与两种形式。间接参与指的是患者方面证据的补充，包括来自患者及患者组织的真实世界数据等。由相关专家咨询患者意见并代表其参与到卫生技术评估的流程中，替患者发声。

直接参与意味着"支持患者自己发声"，并提供发声的平台和条件。患者可以就药物提名在公开平台发表意见，对卫生技术评估结果提出意见，患者代表还可以作为利益相关方参与多元评审委员会，与临床专家、卫生经济学家、资助方共同进行公共决策。

患者群体的声音可以更好地体现卫生技术评估流程中的公平性、平衡多元评审委员会中各个利益相关方的影响、提升卫生技术评估在慈善医疗救助领域中的应用科学性和全面性。新阳光在此过程中还能通过对患者及患者组织赋能，指导患者和患者组织有效参与公共医疗卫生决策，提升患者声音在公共决策中的作用。

7. 未来工作规划

对于患者参与的关注推动新阳光迈入新的工作阶段。2022年11月，北京新阳光慈善基金会委托天津大学药学院医药政策与经济研究中心研究团队制定适合慈善医疗救助领域的卫生技术评估流程方案。流程包含主题遴选、价值证据提交与评审、评审委员会决议等阶段。该流程注重患者与患者组织的全流程参与，让患者从提名、证据提交到评审委员会决议等环节都可以参与和发声，在慈善医疗救助药品的选择中起到主动作用。

流程完善后，将由北京新阳光慈善基金会在试点地区实施，以卫生经济评估为依据，将有效性、经济性、公平性突出的药物纳入慈善医疗救助补充报销范围，增进患者福祉，全流程保证患者参与，关注患者群体的声音，持续优化慈善医疗救助中的决策质量。

参考文献

[1]　中华医学会儿科学分会血液学组，《中华儿科杂志》编辑委员会. 儿童急性淋巴细胞白血病诊疗建议（第四次修订）[J]. 中华儿科杂志，2014，52（9）：641-644.

[2]　SILVERMAN LB，GELBER RD，DALTON VK，et al.Improved outcome for children with acute lymphoblastic leukemia: results of dana-farber consortium protocol 91-01[J].Blood，2001，97（5）：1211-1218.

[3]　闫红，何莉等. 培门冬酶治疗儿童急性淋巴细胞白血病研究进展 [J]. 实用药物与临床，2014，17（8）：1056-1060.

[4]　MASETTI R，PESSION A. First-line treatment of acute lymphoblastic leukemia with pegaspraginase[J].Biologics，2009，3：359-368.

[5]　罗学群. 不同类型左旋门冬酰胺酶的特点及临床应用 [J]，中国小儿血液与肿瘤杂志，2013，18（1）：1-4.

第四章
临床应用阶段的患者参与

一、概述

杜姗姗

本书前两章主要覆盖药物研发、药物准入阶段的患者参与，本章节将着眼于药物上市后临床应用阶段的患者参与，通过更多的案例带领大家走进患者，了解患者真实的诊疗需求，从而指导医药人更好地在药物全生命周期践行"以患者为中心"的策略。

（一）"以患者为中心"意味着什么？

临床应用阶段是药物可以发挥最大价值的阶段，也是考验医药企业运营能力的关键阶段。早期（医药 1.0），医药行业都是围着医生转，通过学术推广等方式改变医生诊疗观念，进而影响患者的治疗方式，医药企业很少关注除疾病治疗以外的患者需求。近 20 年来（医药 2.0），行业更多地强调"医患一体化"的模式，通过提供便捷的沟通方式或工具，把医生和患者"绑定"在一起，帮助医生更好地诊疗和管理患者。最近 10 年（医药 3.0），医药行业着重提出"以患者为中心"的理念，从患者获益角度进一步拓宽医药行业的服务边界，推动整个行业产生了巨大变革（图 4-1）。

"以患者为中心"究竟要怎么做？开几场患者教育会、赞助患者组织的活动就是以患者为中心吗？答案是否定的。本章将通过 7 个案例，探讨"以患者为中心"对医药企业究竟意味着什么，这些案例均来自对患者旅程的深度研究和探讨，在各个维度上找到机会点，帮助患者更好地了解疾病、规范治疗，同时也关注患者的身心健康。

图 4-1　医药行业变革

"基于疾病特点和患者需求的数字化医学服务"案例中提到"患者不再是诊疗过程中的'下游',而是希望患者主动参与疾病诊疗的全过程,掌握疾病治疗的主动权。通过洞察不同领域的患者需求,设计出不同的工具,致力于帮助患者实现疾病自我管理"。这点就非常好地诠释了"以患者为中心"的理念。

(二)"以患者为中心"首先要让患者的"声音"被听见

以消费者为上帝的快销品行业,每年都会投入巨大精力了解消费者的需求和行为,以期更精准地上市产品,让产品更受消费者欢迎。同样,了解患者及其照顾者的需求,才能更好地帮助到他们并提供相应的支持。

我们可以通过传统的市场调研方式来了解需求,也可以通过新兴的、基于大数据的"社交聆听"方式获取患者的真实想法。随着患者组织、社群的不断兴起,规模的逐步完善,企业也可以与其合作,共同探寻患者真实的想法和需求。"'以患者为中心',让患者的'声音'被听见"案例详细介绍了如何通过患者座谈及其他患者调研手段,挖掘患者未被满足的需求。

以下简单列举几项患者常见需求:

①经济支持:经济因素是影响患者治疗最关键的因素之一。随着医保、商业保险、创新支付模式的不断推进,相信通过各方努力,患者经济压力会逐步减轻。

②信息需求：在未确诊时，患者倾向于寻求一切手段查询信息，如上网搜索、找熟人咨询、向曾经得过类似疾病的朋友咨询等。当进入治疗阶段时，患者会接触到更多的社群、患者组织，会在其中寻求支持和帮助。重疾患者对于新药、新治疗方式、国内外临床试验信息需求更大。

③解答疑问：借用调研中患者家属的反馈——"治疗过程中会遇到很多问题，如不良反应、药物作用机制、日常饮食等，特别需要有人可以及时提供解答和支持。医生太忙了，他们没有时间照顾所有患者，作为患者我们很迷茫"。本章的多个案例都提出了很多好的解决方案，如请医生定期回答、设计自动查询的工具等。

④规范用药：以前我们更多地关注慢病患者，提醒患者按时按剂量服用。慢慢地我们发现，重疾领域患者，特别是患者家属有此需求，以期更好地照顾患者、管理疾病。"探索肿瘤患者院外管理闭环模式"案例就提到了通过教育及定期的随访"提升肿瘤患者和照护者坚持规范化治疗的主观意识，帮助他们即使在院外也能够更主动、更有效地参与到疾病管理上来"。

⑤药物可及：随着药品上市的不同周期及其准入的差异，购药便利性、是否可以覆盖院外市场、是否支持互联网医院处方、是否可以网上购药等受到患者关注。疫情导致物流受阻，药品无法从大仓抵达各地，也凸显了用药最后一百米的问题。

（三）临床应用阶段，"以患者为中心"从诊疗向健康管理延伸

《罗兰贝格中国行业趋势报告——2022 年度特别报告》[1]中的"医药与健康服务"版块中提到："政府对于医疗卫生工作的重心正在从医疗逐渐向健康管理领域过渡，这对于整体卫生经费的使用效率有重要意义。公立医院在建设互联网医院的过程中都增加了针对患者院外健康管理和康复管理的内容。围绕院前、院中、院后的一体化医疗健康整体解决方案将成为公立医院创新业务和提高竞争力的重点。"健康管理的概念就是从对于患者旅程的深入研究而来，患者在院治疗后，院外的管理也逐步被重视起来，所谓的"在院 1 天，健康管理 364 天"。

本章案例"探索肿瘤患者院外管理闭环模式"分享了如何借助现代化数字医疗平台，结合人工干预的方式，关注肿瘤患者院外生存状态，从而有效提升患者整体治疗效果和生活质量，并最终帮助医药企业在竞争中提升口碑。"多发

性硬化患者全病程自助管理探索"案例中阐述了如何建立一站式平台,方便患者找到需要的信息,让罕见病患者"学知识、找医生、问药品、看政策、寻支持等"更加便捷。

由波士顿咨询公司(The Boston Consulting Group,BCG)和腾讯联合发布的《2020数字化医疗洞察报告》[2]引用了一位重疾患者的访谈,患者提到:"只要价格合理、对恢复有帮助,我很愿意购买一些疾病相关的管理服务。"从另一个侧面反映了药品或器械的最终使用者患者的心声。在患者治疗的过程中会涉及手术费、抗肿瘤药物费、营养费、康复费、护理费等,如果花点小钱可以获得更好的治疗结局,患者或患者家属非常愿意支付这笔费用。一些特定疾病领域的"数字化疗法"或"数字药"已经通过临床试验证实其在治疗过程中的有效性,相信在更广泛的疾病领域中会有更多的管理或服务手段,可以帮助患者做好健康管理,达到更好的治疗结局。

此外,健康管理还可以进行很多有意思的创新探索。如"中国IBD患者关爱项目"案例,针对炎症性肠病(inflammation bowel disease,IBD)患者普遍存在营养不良的情况,推出了创新解决方案——"联合国内权威专家、知名营养师团队及美食博主共同打造,并积极构建IBD关爱生态圈,希望以此项目帮助缓解期IBD患者以舌尖美味疗愈身心,提升日常生活质量,不断增加治疗信心"。如"激发正能,赋能患者"案例中为多发性硬化患者设计的《患者日记》小册子,有纸质版和网络小程序版。利用小程序"让患者参与好玩的用药打卡小游戏,种下属于患者的健康森林"。用互动有趣的方式帮助患者接受定期随访、坚持治疗。

(四)"以患者为中心"关注的不只是患者

调研报告显示,重疾患者的家属或照顾者承受着巨大的心理和身体压力,大多数家属或照顾者都身兼数职。在中国,由于传统观念的影响,以及护工体系的不健全,照顾者们大多都是伴侣、子女、父母或有直系血缘关系的兄弟姐妹。《恩宠与勇气:超越死亡》的作者肯·威尔伯曾经说:"陪伴一个正在经受疾病折磨的人,你要学着成为一个合格的支持者,尽你所能,像一块海绵一样吸收疾病带给他的情绪起伏。关注患者的同时也应该关注患者家属或者照顾者,为他们提供帮助。"

"赋能患者全程管理"案例中提到："支持协调发展改善患者体验（Support Harmonized Advances for Better Patient Experiences，SHAPE）项目，强调癌症组织及其合作组织成员、医务工作者、其他患者支持人员，共同创造，一起协调进步，改进治疗手段，将患者的需求置于首位，以此来实现更好的患者体验。"

（五）结语

随着国民经济的不断发展，患者及患者家属受教育水平的不断提高，需要的支持和服务也在不断演变，企业的患者服务工作也在持续升级。从一开始，解决患者对疾病认知的宣教类服务 [患者支持项目（patient support program，PSP）、患者教育项目（patient educational program，PEP）]，到解决患者经济负担的患者援助项目（patient assistance program，PAP），以及近些年涌现的创新支付及创新购药方式，无疑体现了企业对患者需求的深入洞察。

"以患者为中心"的理念经过数十年进化，时至今日，即使是常见的患者教育类项目也不同于以往只做单向的信息传达或开个患者教育会了事。本章涉及与患者教育相关的案例中，处处体现了医药人对于患者需求的洞察，体现了"以患者为中心"的精髓。从本章案例中不难看出，从政策和制度的变化到医疗行业的创新趋势，再到患者行为习惯的改变，企业顺应趋势结合最新的数字化技术越来越关注患者的参与。相信通过各方努力和共同推进，在药品的临床应用阶段会更多地关注和满足药品最终的使用者——患者本人的真实需求，发挥更大价值。

参考文献

[1] 罗兰贝格.罗兰贝格中国行业趋势报告——2022 年度特别报告 [EB/OL]. （2022-01-19）[2023-02-08]. https://www.rolandberger.com/zh/Insights/Publications/%E7%BD%97%E5%85%B0%E8%B4%9D%E6%A0%BC%E4%B8%AD%E5%9B%BD%E8%A1%8C%E4%B8%9A%E8%B6%8B%E5%8A%BF%E6%8A%A5%E5%91%8A-2022%E5%B9%B4%E5%BA%A6%E7%89%B9%E5%88%AB%E6%8A%A5%E5%91%8A.html.

[2] 2020 数字化医疗洞察报告：BCG 和腾讯联合报告 [EB/OL]. （2022-01-19）[2023-02-17].https://file.tencentads.com/web/pdf/index/e17e4af986c71ea6.

二、实践案例

案例 4.1　探索肿瘤患者院外管理闭环模式

蒋毅捷

随着肿瘤早期筛查、诊断及治疗水平的不断完善，肿瘤患者的生存机会得到显著提升，带瘤生存时间也大幅延长，这也就意味着与癌症的抗争从一场"突围战"变成了一场"持久战"。因此，"肿瘤慢病化管理"也成为业内积极创新探索的方向。

参考糖尿病、高血压等传统慢病管理，不难发现其中一个重要特点就是患者主动参与决策的程度高，居家自主管理疾病的时间长，因此，如何提升患者依从性将对患者预后产生重要影响。现实生活中，不乏久病成医和盲目自信的患者，他们会主动与医生沟通具体药物处方，并且自行调整用药剂量以便"更好地应对"每天的身体情况，进而给疾病长期管理的结局带来差异。必须承认，在以"年"计的慢病管理领域，这样的情况无法避免。因此，为了能够有效加强慢病患者规范化治疗的依从性，帮助患者形成有益的自我管理行为，很多可穿戴设备和数字疗法应运而生。例如，能够提醒用药的智能药盒、可以进行科普教育的胰岛素注射笔等。

尽管抗肿瘤治疗的紧迫性和专业性门槛相对较高，为患者主动参与决策带来挑战，但还是可以看到，近年来随着患者及家属的教育水平提升、互联网技术普及，以及患者互助社区蓬勃发展，肿瘤患者在经历最初的茫然与慌张后，对于疾病诊疗的掌控力正在显著提升，并且患病时间越长，决策度越高。

根据泛肿瘤患者社区平台——觅健发布的《2021 中国肺癌患者生存质量白皮书》显示，36% 的肺癌免疫治疗患者曾参与免疫药物的用药决策，其中 9.6% 的患者主动要求医生使用免疫治疗（图 4-2）。考虑到肺癌通常是疾病进展相对较快的癌种，同时免疫治疗进入中国仅 5 年左右时间，这样的自主决策比例是非常惊人的。

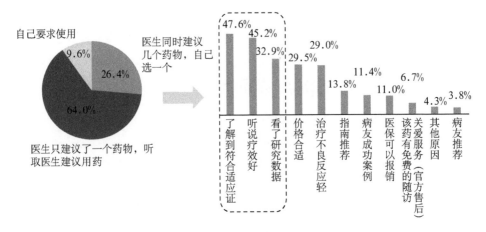

图4-2　肺癌患者选择和使用免疫药的原因分布 [1]

因此，当下肿瘤治疗的关注点不能仅聚焦于"医生"群体，应参考慢病管理思路，加强对患者及其照护者的关注，探索如何更好地支持肿瘤患者的院内院外全程疾病管理，进而提升患者长期治疗的依从性及临床获益。

1. 值得做：改善肿瘤患者院外疾病管理有利于提升生存获益

在探索的过程中，不乏听到肿瘤领域资深从业者的质疑，他们普遍认为肿瘤患者的治疗获益主要取决于患者的基线情况、癌种、治疗方案等客观因素，也就是说患者的预后在一开始就已成定局，很难通过主观管理进行改变，即使有所改善也非常有限。因此传统观念认为，对于肿瘤患者管理，只需强化医生教育，并通过医生给予患者正确的治疗即可。然而这个观点忽略了两个重要事实：①患者并非对医嘱言听计从：从《2021中国肺癌患者生存质量白皮书》[1]可以看到，肿瘤患者已经在治疗方案的选择上提出了自己的主张，更不用说在治疗过程中患者由于经济、地理环境，以及信息获取等因素可能对治疗方案的实施产生影响。②医疗资源紧缺：医护并没有充分的时间和精力跟进每一位患者的治疗，尤其在患者出院以后，很少有医院能够为患者提供足够的院外管理支持，即使是那些愿意给患者提供手机/微信联系方式的医生也坦言，他们没办法回应所有患者的问询，而只有在患者长期未返院情况下，他们可能会主动联系患者。

那么，如果关注肿瘤患者院外管理，提升患者在自主疾病管理上的规范性，到底能够带来多大的不同呢？

以肿瘤患者院外管理中最为常见的方式之一——随访为例。一项结直肠癌术后随访研究发现：与非密切随访组相比，密切随访组更容易发现无症状的复发肿瘤病灶（分别为 6.3% 和 18.9%）；较非密切随访组平均提前 5.91 个月发现肿瘤复发；复发肿瘤根治性切除率明显升高（分别为 9.9% 和 24.3%）。这说明，密切随访可改善患者总生存率及复发病灶的再切除率[2]。

第 22 届世界肺癌大会（World Conference on Lung Cancer，WCLC）上公布的一项研究显示：通过比较 I ～ III A 期非小细胞肺癌（non-small cell lung cancer，NSCLC）术后患者不同随访方式下的 5 年生存率，发现积极主动参与随访的患者，其 5 年生存率更高，能够达到 81.8%。

同时，利用电子病历、远程监测等方式进行随访也有助于患者临床获益。患者可以通过软件进行日常自我管理及疾病相关的症状上报，可以更加高效地连接医患，并且围绕疾病展开的院外治疗、干预、管理能降低不良事件发生率，延长患者总生存期。

可见，提升肿瘤患者和照护者坚持规范化治疗的主观意识，帮助他们即使在院外也能够更主动、更有效地参与疾病管理，对于提升患者获益能够起到举足轻重的作用。

2. 如何做：肿瘤患者院外疾病管理是药企重要的"售后服务"

如何为肿瘤患者提供院外疾病管理支持，涉及两个核心问题：谁来提供支持？提供哪些支持？

（1）谁来提供支持？

针对患者的支持项目通常由医生、护士、药师或第三方公益组织在获得患者充分授权的情况下进行。然而，正如前文提到医务工作者由于自身工作压力较大，很难有效跟进患者院外管理；同时肿瘤疾病管理所需要的专业技能较高，治疗过程中患者遇到问题的复杂程度也较高（尤其是不良反应），对于第三方公益组织而言，很难通过常规的慢病管理平台和技术手段来实现，在脑力、人力和物力上均存在挑战。而制药企业相对于第三方公益组织而言在资金和知识储备上更具优势，然而此类项目难免会涉及患者个人隐私信息，是企业合规不可逾越的红线。同时，现实情况下基于肿瘤患者病情的个体化治疗也决定了很难通过一成不变的标准解决方案来满足。因此，结合多方优势，通常由第三方公益组织发起患者管理项目，从公益性的角度为患者提供支持，委托有专业医学团队的第三方服务机构提供日常运维服务。而企业可以为第三方服务机构提供必要的专业知识培训及信息支持，提升其帮助患者解决实际诊疗问题的能力。患者深度参与的同时，其主管医护也可以进行远程监督，并在必要时进行干预，旨在最大程度减轻医护负担的同时提升患者管理效率。

这个模式可以称为"售后服务"。在"以患者为中心"的理念指引下，企业理应为患者提供除优质的产品外更多的附加价值，帮助医患实现他们的愿景——获得更好的生存机会。尽管在肿瘤治疗领域，治疗决策依旧更多掌握在更专业的医生手中，但随着患者在诊疗过程中的参与度越来越高，口碑效应也会成为药企独特的竞争优势，这与传统的"售后服务"何尝不是有着异曲同工之处呢？

（2）提供哪些支持？

常见的慢病患者院外管理主要关注患者端，通过微信或特定 APP 为患者提供日常健康数据记录、诊疗知识获取，以及疾病管理工具应用等支持，部分还配备可以传输数据的智能设备，从而更好地监控患者体征。如果项目对接互联网医院，还可以为患者提供线上问诊、购药及配送的一条龙服务，形成闭环。

这些项目实践引发了 3 点思考：①肿瘤患者对于自身疾病的认知有限，且生活行动受限，这种依赖大量患者主动操作的管理平台是否可行？②肿瘤患者的治疗需要进行复杂的检测及专业判断，互联网医院的全科医生是否可以满足患者的诊疗需求？③慢病患者院外管理很重要的功能是提醒按时用药，但是肿瘤患者疾病进展的复杂程度这么高，提醒用药仍然是核心问题吗？

经过实践和讨论，以上 3 个问题得到了否定的结论。对于肿瘤患者管理，仍需要遵循特药管理的原则，在借助现代化数字医疗平台的基础上，结合人工干预的方式提供针对性服务，并且需要与患者的主管医护密切配合，从而确保个体化诊疗方案的成功实施。

以"为你千方百济"患者关爱项目为例，该项目为免疫治疗患者提供一站式资讯及疾病管理工具平台，通过一对一随访服务为患者提供及时干预与关爱,并打通患者与医生的沟通和数据传输渠道,提升医患在诊疗中的积极性和参与度,形成院外管理闭环。同时,项目打破传统纯输出模式,提供了多种渠道方便患者主动参与,包括:①热线电话渠道:患者可在有需要的时候通过热线电话联系到随访专员。热线电话由单独线路运维,确保患者沟通顺畅。②微信留言渠道:专人负责患者微信公众号留言及推文留言,及时解答患者疑问,正向激励患者积极互动。③自我管理工具:为患者提供自我疾病管理实用工具,培养患者主动参与习惯。需要说明的是,项目管理和运营由基金会主要负责的同时,在前期的项目设计、知识梳理、人员专业能力培训中,企业也可以提供参考建议,以便让患者感受到最佳的"售后"体验。

3. 做得好:随访不只是打电话提醒用药

尽管略显老套,在目前针对肿瘤患者的院外管理模式探索中,优质的随访服务仍是重中之重。《国家基本公共卫生服务规范》里提到,随访的方式包括:门诊就诊、家庭访视和电话追踪3种。对于不方便勤跑医院的患者来说,电话随访是很好的选择。虽然"电话随访"的形式看上去患者参与较被动,但不可忽略的是,任何一个项目都没有办法强迫患者/照护者接听电话,并在电话中如实反馈其居家情况,因此,肿瘤患者长期管理是否成功,归根到底还是要激发患者/照护者主动参与的积极性,他们的观念、主观能动性,以及对随访价值的认可度起到了至关重要的作用。

4. 随访能给患者带来哪些价值?

根据《2021中国肺癌患者生存质量白皮书》[1],肺癌患者在随访中最希望获得的服务包括"不良反应处理""生活建议""用药问题解答",而传统的"提醒用药"只占了很少的比例,这也印证了上文提及的对于肿瘤患者院外管理专业度的高要求(图4-3)。

(1)从容应对用药问题

肿瘤治疗药物引起的不良反应有时候没有严重到必须去医院,如皮疹、腹泻、呕吐等,但也需要及时干预并密切观察。随访电话可以帮助患者和家属更从容应对不良反应,给患者的居家管理带来便利。而在不良反应加重的情况下,又能有效督促患者及时返院就诊,以免造成不可挽回的后果。

有时候患者和家属对于药物作用原理、使用方法等会存在疑问，可能影响治疗的信心，及时的随访服务可以提供深度教育，帮助患者更好地遵医嘱治疗。

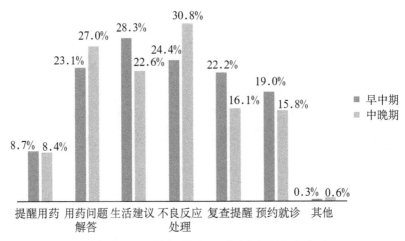

图 4-3　肺癌患者希望院外随访提供的服务类型

（2）疏导不良情绪

有的患者出院后虽然身体痊愈了，但在精神和心理上还是比较脆弱、痛苦、压抑，这种低落的情绪也可能导致免疫力下降，甚至诱发癌症复发、转移。

随访专员可以在关爱电话中观察患者情绪状态，并对患者耐心地进行心理疏导和开解，使患者保持乐观心态、积极面对生活。

（3）预防第二原发癌

肿瘤患者也是其他癌症的高危人群。坚持长期、定期随访，了解自身状况，一旦发现身体异常信号，可以及时采取措施应对，将第二原发癌扼杀在萌芽中。

这些患者主动分享的随访信息经随访专员整理后，可以提醒主管医生在必要时进行干预，如要求患者返院接受进一步检测和治疗。同时，数据经过加密和智能处理后，可以形成统计报表，便于临床医生从全局上掌握特定治疗药物和方案的临床使用特点，为后续治疗提供借鉴。

参与"为你千方百济"患者关爱项目的患者反馈，项目公众号上提供专业且贴合实际生活的科普知识内容，可以帮助他们更好地认识疾病。线下随访也很认真负责，解答了很多治疗和生活护理问题，尤其是老年患者，随访让他们感到特别温暖，为他们打开了情绪疏导和心理沟通的窗口。

通过这种方式，不仅可以提升肿瘤患者的诊疗认知，赋能患者进行有效的院外管理，还能与院内治疗形成对接和闭环，进一步为改善肿瘤患者诊疗过程。

5. 局限性讨论

（1）诊疗数据链不完整

肿瘤患者的全程管理不仅涉及用药方案，还包括各类检测和疗效评估数据，这些都存储在医院系统，现阶段很难与第三方数据系统打通。因此，第三方院外管理团队由于缺乏详细的诊疗数据，对患者的院外支持存在较大局限性。同时，即使是掌握两端数据的医护人员，仍需通过大量人工数据处理才能拼接出患者的诊疗全貌，给临床应用带来一定不便，可能影响项目执行效果。

（2）选择性偏差

由第三方公益组织发起的肿瘤院外管理需要患者或照护者亲自填写个人信息并签署知情同意，因此会自动筛选出一批依从性较好、认知水平较高的患者。这个情况可以通过开通多种入组方式加以改善，如通过线下医护沟通及签署纸质知情同意书入组，或通过与慈善援助等项目衔接，从而尽量纳入不同的患者，以便得出更加客观真实的结论。

6. 结语

提升肿瘤患者和照护者坚持规范化治疗的主观意识，帮助他们即使在院外也能够更主动、更有效地参与到疾病管理上来，对于提升患者获益能够起到举足轻重的作用。

对于肿瘤患者管理，仍需要遵循特药管理的原则，在借助现代化数字医疗平台的基础上，结合人工干预的方式提供针对性服务，并且需要与患者的主管医护密切配合，从而确保个体化诊疗方案的成功实施。

制药企业值得为"售后服务"投入更多的专业资源，因为在"以患者为中心"的理念指引下，企业理应为患者提供除优质产品外更多的附加价值，帮助他们获得更好的生活质量。而随着患者在诊疗过程中的参与度越来越高，口碑效应也会成为企业独特的竞争优势。

参考文献

[1]　2021 中国肺癌患者生存质量白皮书 [EB/OL].（2020–04–30）[2023–02–16]. http://m.mijian360.com/Activity/whitePaper2021LC.

[2]　TJANDRA J J，CHAN M K. Follow–up after curative resection of colorectal cancer：a meta–analysis[J]. Dis Colon Rectum，2007，50（11）：1783–1799.

案例 4.2 中国 IBD 患者关爱项目

赵　洁　潘初霞　金健建

1. "安食小厨"中国 IBD 患者关爱项目起源

"克罗恩病两年了，不吃蔬菜感觉营养摄入不够，吃了又不舒服，很纠结到底吃不吃蔬菜。"

"手术后，做了回肠造口，刀口已经长好，开始吃药，鼻饲结束后，准备饮食，正在焦虑怎么过渡饮食呢。"

"想吃一切 IBD 能吃的东西。已经不在乎味道了！只要能吃，吃了不会加重病情又能补充营养，身体能恢复好就行！"

——来自 IBD 患者的自述

终身无法随心所欲地享用心仪的食物，这样的境遇会让生活失去多少精彩瞬间？稍有不慎，平凡的一日三餐竟会攸关性命？这是 IBD 患者必须面对的生活日常。

IBD 是一种病因尚未明确的慢性、非特异性肠道炎症性疾病，主要包括溃疡性结肠炎（Ulcerative Colitis，UC）和克罗恩病（Crohn's disease，CD），高发于 15～25 岁的青少年群体。目前，IBD 患病人数正在与日俱增，预计到 2025 年，中国 IBD 患者将达到 150 万人。IBD 患者临床表现为腹泻、腹痛，甚至有血便，具有不可治愈、终身复发及致残等特点，严重影响患者的就业、婚育及生活质量。

由于黏膜病变或肠道炎症相关的营养吸收障碍和营养丢失，IBD 患者普遍存在营养不良的情况。2017 年，我国 IBD 住院患者的营养状况调查结果表明，营养不良发生率为 55%。其中，因克罗恩病患者出现营养不良、营养素缺乏的情况更为常见。营养不良反过来也会直接影响肠道损伤部位的修复，不仅削弱患者的抗感染能力、影响手术切口和肠吻合口的愈合、延长患者的住院时间、增加手术并发症的发生率和患者的病死率，更降低了患者的生活质量。同时，这也是造成 IBD 儿童和青少年患者生长发育迟缓和停滞的主要原因。因此，在 IBD 患者与疾病抗争的"持久战"中，科学的饮食指导和饮食管理是控制疾病的关键环节之一。

帮助 IBD 患者解决饮食需求，提高饮食幸福度是患者组织，以及医药企业义不容辞的责任。为此，国内首个专业服务于 IBD 患者的公益组织——浙江爱在延长炎症性肠病基金会（以下简称"爱在延长基金会"），在武田中国的支持下，以 IBD 患者日常最为关心的饮食需求为出发点，于 2020 年底发起了"安食小厨"中国 IBD 患者关爱项目。该项目联合国内权威专家、知名营养师团队及美食博主共同打造，直击 IBD 患者饮食痛点，帮助患者解决最基本的需求——"吃好"，与最顶层的心理需求——"生活好"。希望以此项目助力 IBD 患者群体以"安心饮食"为起点，满足患者群体"身体增重"和"心理增重"的双重需求；同时，通过 IBD 生态圈内的有效互动，让医患建立更紧密的联系，更好地践行"医患共决策"，提升患者治疗及疾病管理认知，最终实现"安心治疗"与"安心生活"。

2. "安食小厨"中国 IBD 患者关爱项目简介

2020—2022 年，"安食小厨"已走过两季，深受医护人员、营养师及 IBD 患者群体的喜爱与关注。该项目不断探索，多形式、多维度触达 IBD 患者群体，让 IBD 患者的美好生活方式深入人心，疗愈患者身心，整个项目共覆盖患者与社会爱心人士超 107 万人，获得了广泛的影响力。其中重点项目包括以下几个。

（1）22 套"安食小厨"营养食谱攻略

权威专家、知名营养师团队、美食博主多方联手，合力为缓解期在内的 IBD 患者精心打造 22 套专属营养食谱，并定期在爱在延长基金会官方微信平台推送，累计覆盖 13 万 IBD 患者及社会公众人员，食谱发布后，阅读量达到 6.3 万次。

（2）2 期新锐营养师春节直播小课堂

2022 年春节期间开展了两期饮食营养患者教育直播，爱在延长基金会志愿者作为患者代表与专业营养师进行互动，分享治疗与健康管理相关知识。直播近 6000 人观看，点赞数破万，搭建了专业人士与患者沟通交流的平台。

（3）5 位 IBD 明星患者实操的"早鸟食谱演练视频"

B 站 UP 主、微博美食博主和爱在延长基金会明星志愿者主动出镜参与美食食谱视频制作，一起为 IBD 患者的健康饮食生活加油助力，呼吁公众关注肠道健康。视频通过爱在延长基金会官方微信、小程序、视频号，美食博主的微博、B 站、抖音等多渠道发布，广泛覆盖了医患与大众群体，累计观看超290 万人次。

（4）"安食小厨"线上美食挑战赛

2022 年 1 月 8—22 日，"安食小厨"项目以春节为契机，邀请 IBD 患者、家属、医护人员及关心 IBD 的热心市民参加"安食小厨"线上美食挑战赛，由专业营养师作为评委，结合营养学知识对参赛食谱进行点评。在短短两周时间内比赛就收到了 71 份图片或视频形式的食谱投稿，收获了近 1300 个来自社会各界的点赞，共 2000 多人围观了比赛。通过此类竞技活动激发了患者的生活斗志，并为 IBD 患者群体助威。

3. "安食小厨"中国 IBD 患者关爱项目成果

患者、医护人员等对"安食小厨"的支持让公益能量层层递进、不断扩增，其所汇聚出来的力量有效提高了社会公众对于公益慈善专业性和长远性的认知，同时也为患者带来希望、平等和尊严，并发出统一、有力量的声音。

①护士班女士：我们医护人员在饮食指导方面了解得相对宽泛，一些书本不具备实操指导。"安食小厨"食谱真的太好了，可以提供实操指导。

②B 站 UP 主、患者代表仙荼儿：接触到"安食小厨"后，我的 IBD 旅程变得不同，我跟随"安食小厨"学做饭、学知识，慢慢地学会了与 IBD 和平共处。感谢"安食小厨"让我拥有好身体和好心态，相信我的人生依旧可以很精彩。

③爱在延长基金会志愿者、患者代表明华表示：从 2009 年确诊 IBD，到现在已经有十多年了，吃饭这件事对 IBD 患者十分重要，"安食小厨"给了我很多启发，为我提供了诸多做菜新思路，用更直观的方法指导了 IBD 患者的日常饮食，非常实用。

④患者家属红枫：IBD 患者的吃饭问题真的是一门学问，感谢"安食小厨"

给予患者家属的饮食指导。看到 IBD 患者也可以吃的这么健康丰盛，我感到十分欣慰，希望未来食谱可以装订成书。

IBD 是慢性终身性肠道疾病，患者将面临一段漫长的旅程，以达到疾病治愈的目标。除了疾病诊断和治疗，贯穿病程各阶段的生活管理及心理支持等同样重要。深刻理解患者需求，为患者提供专业、全方位的深度服务，全程相伴患者旅程的每一步，是患者组织和医药企业社会责任的共同体现。

"安食小厨"模式是洞察患者旅程痛点、引领患者服务新模式的一个良好示例，且具有强延展性，目前已推广至中国红十字基金会旗下的"常相伴 IBD 患者线上关爱中心"平台，未来更有望联动浙江、江苏、广东、天津等区域 IBD 患者组织，实现更广泛区域的推广及落地，惠及中国更多 IBD 患者。

有时治愈，常常帮助，总是安慰。项目希望以"安食小厨"为抓手，通过 IBD 生态圈内的有效互动，搭建医患沟通的桥梁，擘画美好生活之蓝图，实现情感相通、立场与共，助力医患共决策，帮助患者早日实现治愈。

案例 4.3　基于疾病特点和患者需求的数字化医学服务

徐　蕊　刘晓芳

在科技快速发展、生活水平显著提高的今天，患者对于医疗服务的品质已经产生了越来越高的需求。患者不再是诊疗过程中的"下游"，而是希望主动参与疾病诊疗的全过程，掌握疾病治疗的主动权。微信公众号等数字化媒介的普及推动着医患沟通和医疗知识普及，网络社区式患者管理成为医疗智能化时代的潮流，使得医疗服务向数字化、网络化、智能化的方向发展。拜耳也在这一阶段开展了不同疾病领域的数字化医学服务，在血友病、眼底病、女性健康及肿瘤领域创建了医学科普平台。通过洞察不同领域的患者需求，开创了包括语音指令导航、智能问答机器人，以及疾病管理小工具等数字化医学服务。在以客观、科学的角度向患者传递医学科普知识的同时，致力于帮助患者实现自我疾病管理，提升规范化治疗。

本案例将以肿瘤和血友病为例阐述如何基于患者疾病特点和需求为患者提供数字化医学服务。

1. 抗瘤小卫士：从患者的需求出发创建数字化平台

为了满足持续增长的患者需求，我们一直致力于探索新型且高效的患者互动模式。肿瘤领域存在患者对于自我疾病管理、不良反应管理的需求无法得到满足等问题，基于多年来的肿瘤患者支持和疾病管理项目的经验，我们了解到，患者的需求包括：希望能了解疾病知识，但是太专业的内容看不懂；希望了解医保报销相关信息等。

从患者需求出发，我们在 2021 年 1 月上线了肿瘤患者微信公众号——抗瘤小卫士，所有的版块内容按照患者需求设计，为患者量身打造。包括科普知识：将艰涩难懂的医学知识转化为患者语言，并配有卡通形象、插图等帮助患者更好地了解疾病知识；疾病常见问答：依据既往患者咨询问题最多的内容生成，患者输入关键词后可快速搜索到相应内容；专家讲堂：邀请肿瘤专家录制科普视频，提升患者对"抗瘤小卫士"平台的认可度，帮助患者增加治疗疾病的信心。经过一段时间的运营，我们的肿瘤患者微信平台积累了一定量的患者，且文章、视频的阅读率远远高于行业基准。

在应用抗瘤小卫士过程中，根据文章、视频的阅读数量、疾病知识搜索数量，以及结合患者支持和疾病管理项目的经验，我们发现来自肿瘤患者的常见问题重复性高，且大多数可以使用标准化的内容进行回复的特点。2021年10月，我们在抗瘤小卫士中上线了基于知识图谱和常见问题解答（frequently asked questions，FAQ）的聊天机器人，通过数字化和自然语言处理技术，整合医学指南、相关文献、产品说明书，以及FAQ，快速进行知识的结构化，并关联成知识图谱，创建了以机器人为载体的新型、高效的患者互动模式，可以为患者提供更广泛、更精准的服务和互动，并可以有效地进行知识积累。在后期实践中，不少患者使用聊天机器人来咨询问题，我们将根据患者输入的问题频次、是否被现有知识库覆盖等实际经验，不断提升知识库内容，以期更加符合患者的需求。

2022年5月我们在抗瘤小卫士发出了"传递激动人心的力量——您的声音需要被听到"患者故事征集活动，短短1个月内，我们收到来自肿瘤患者及家属的真实抗癌故事58篇，每一篇故事都讲述了患者群体的真实感受，有痛苦无奈、有坚强抗争、有积极乐观，无一不感染我们，同时更让我们感悟到以患者为中心的意义。我们将这些故事制作成精美的文章、视频，在肿瘤患者微信中推送，为肿瘤患者树立榜样，帮助大家更好地建立治疗疾病的信心。在此次患者故事收集的过程中，我们感受到了患者的热情，以及对抗瘤小卫士的信任，让我们对今后与患者互动，以及为患者提供更好的服务增强了信心！

"抗瘤小卫士"至今已运营2年多，在这个过程中，我们设计的每一个版块，撰写的每一篇文章、每一个问答，邀请的每一位医生，所做的每一个活动，都是从患者的角度出发，思考是否对患者最有帮助，同时不忘定期收集患者的反馈，以保证我们始终秉承以患者为中心，始终做真正对患者有意义的事情！

2. 血友小护士：助力搭建医患沟通的桥梁

在一次患者调研中发现，大部分血友病患者对于自己的治疗现状并不满意，对于生活质量有更高的要求。但很多血友病患者在就诊时并未清晰地表达自己的治疗需求，如很多学龄儿童希望上学、参加社交活动，甚至上体育课等。而基于我国目前医生的工作负荷，血友病的主治医生在患者就诊时也无法探寻到患者更多的治疗需求，大部分情况下仅仅是复诊开药。那么，如何帮助这些血友病患者清楚地表达自己的需求，并能够在就诊时告诉自己的主治医生呢？

随着信息时代的到来，人工智能医疗已经成为一种趋势。结合电子化小程序参与慢性疾病的医疗管理，成为血友病防治的一个突破点。依托现有的血友病疾病科普微信平台"血友健康＋"，我们尝试开发一款可视化的电子小工具，满足患者的需求。

"血友小护士"上线后，血友病患者可以通过关注"血友健康＋"公众号，在"特色服务"下找到小程序，根据页面提示匹配不同年龄阶段的问卷，患者完成整份问卷内容约需要 5～8 分钟，填写完毕后可保存问卷结果。其中包括患者的年龄阶段、血友病严重程度、治疗模式、平均 1 个月出血次数、用药情况等，以及工作、学习、日常生活中对运动需求等患者全方位的治疗情况。患者可以自行定期记录，了解自己的疾病情况和治疗状况，参加问卷中提及的一些检测和评估，也可以在就诊时与医生沟通交流问卷内容上自己的疾病情况，方便医生全面了解患者的治疗情况和生活需求。患者通过填写问卷的记录方式，帮助患者关注自己的疾病情况及自己未满足的需求，提高生活质量和水平。

"血友小护士"作为一个电子小工具，不仅仅是创新的一小步，更是立足于"以患者角度思考、持续改善患者体验"的一大步。期待未来可以更好地服务血友病患者，从既往的疾病管理，到实现健康管理，真真正正"让健康触手可及"。

3. 价值和影响力

医患沟通中最大的障碍来自于医患双方的知识背景不同，无法快速地建立沟通。拜耳始终着眼于亟待解决的患者需求，在面向患者和医生的调研中，洞察到了这一巨大的医患沟通难题。在充分了解患者需求的同时，以医学知识为基础，结合信息技术应用，通过数字化的形式在不同疾病领域为患者提供服务，协助医生更好地进行患者随访管理。

总之，通过数字化沟通作为桥梁，聚焦患者需求，针对不同疾病特征为患者提供个性化的医学信息服务，提高了患者对疾病的正确认知。通过线上调研问卷、患者及患者家属的反馈，微信平台能帮助患者了解更多的疾病治疗信息和预防知识，并且能督促患者坚持积极治疗和定期随访，改善身体健康状况或生活质量。

案例 4.4　多发性硬化患者全病程自助管理探索

陆　昀

"多发性硬化关爱家园"信息平台通过建立学知识、找医生、问药品、看政策、寻支持等功能板块，为多发性硬化患者提供一站式的信息服务，促进解决目前多发性硬化患者面临的疾病知晓率低、确诊难、治疗难、用药难的问题。平台设立一年多时间里，累计浏览量 12 000 多人次，助力多发性硬化患者回归平常生活。"多发性硬化关爱家园"还计划推出更多功能，方便患者求医问诊，满足多元化需求。

1. 我国多发性硬化多重诊疗需求未被满足

据统计，世界上有 6000 ～ 8000 种罕见病，且这一数字仍在以每年 250 ～ 280 种的数量增加，影响着全球 6% ～ 8% 的人口 [1]。其中，多发性硬化（multiple sclerosis，MS）是一种以中枢神经系统炎性脱髓鞘病变为主要特点的免疫介导性疾病，表现为神经硬化斑块的病变特征，以及多样化的复杂临床症状，包括反复发作的肢体无力、感觉异常、视力问题、膀胱或肠道功能异常、语言障碍、共济失调或认知能力损伤等。当神经损伤积累到一定程度，临床症状即不再出现缓解，病情随时间缓慢持续进展和恶化，最终可能会导致失明、残疾、丧失自理能力的严重后果。全球约有 230 万多发性硬化患者，每 3000 人中就有 1 人患有多发性硬化 [2]。其中 85% 多发性硬化患者属于复发缓解型多发性硬化 [3]。如果未能得到及时有效的治疗，随着病程进展、髓鞘再生和修复作用减弱，患者或出现不可逆的神经退行性病变，残疾逐渐加重，认知功能下降。疾病修正治疗（disease modifying therapy，DMT）是国内外指南及共识推荐的多发性硬化缓解期标准治疗药物，坚持长期规范治疗能有效减少复发，延缓残疾进展。

在中国，2018 年 5 月多发性硬化被纳入《第一批罕见病目录》[4]，目前我国约有 3 万多名多发性硬化患者 [5]，面临着疾病知晓率低（约 96% 的患者在确诊前未听过多发性硬化）、确诊难（患者平均确诊需要耗时 3.6 年）和疾病修正药物治疗率低（仅为18%，距离欧美尚有差距）的诊疗局面[6]。

近年来，国家高度重视罕见病防治和保障工作，出台多项政策推动罕见病药物研发及上市，我国在临床研究、诊疗创新、药物可及性等方面也得到了快速发展，不断提高罕见病患者诊疗和保障水平。目前已有多款多发性硬化治疗药物进入了国家医保目录，提高了创新药物的可及性，旨在对中国多发性硬化疾病实现全人群、全病程覆盖和管理。

想要创新药物真正使患者获益，就要从"源头"抓起。多发性硬化的临床表现非常复杂，很多症状会和其他比较常见的疾病重叠，如肢体无力、视力下降等，因此容易发生误诊、漏诊。一方面，患者往往需要辗转多个医院和科室，耽误了很长时间；另一方面，作为一种罕见病，往往涉及多学科合作诊疗，大多数基层医院难以实现。能够对罕见病诊疗的医院和资源多集中在大城市、大医院，使得尽早确诊和规范化治疗变得愈加困难。此外，虽然已经有医保"傍身"，但在药物可及层面，各地医保报销比例差异大、门诊是否可以报销、医院是否进药等问题仍然存在，罕见病药品"最后一公里"问题亟待解决。

2."多发性硬化关爱家园"提供一站式信息服务

基于多发性硬化之家对广大病友疾病状况及需求的深刻洞察，如2020年疫情刚刚暴发的初期，患者无法去医院就诊、随访、取药等，多发性硬化之家对患者就医需求快速采取行动，结合诺华在疾病诊疗、创新药物的优势，共同打造了全国最大的多发性硬化疾病信息平台——"多发性硬化关爱家园"。通过一站式的信息平台，帮助患者充分了解多发性硬化这个疾病和现有的治疗策略；第一时间找到正确医院和专家，缩短确诊周期，及时开展治疗；掌握药物保障方面的信息，包括各地医保、商业保险、患者援助计划，切实降低患者经济负担；搭建病友交流平台，使病友保持积极的心态和对抗疾病的信心。

（1）学知识

1）不间断的线上科普讲座：2020年初，武汉新型冠状病毒疫情暴发，封控期间许多多发性硬化患者面临无法就医的问题。获知这一信息后，企业第一时间为患者组织牵线搭桥，联系了全国专家，反馈患者诉求。很快，多发性硬化之家就在其微信平台上开展了第一期线上疾病科普和咨询活动，帮助患者答疑解惑。线上科普开展至今已经2年多，得到患者广泛好评。一位来自天津的患者表示："得知患了罕见病之后，心态一度是非常沮丧和无助的。去网上查了之后更加害怕，很多文章都说，得了多发性硬化会瞎，会残疾，无药可治。很幸运自己当时通过多发性硬化之家看到了系列的科普讲座，听了那么多专家的介绍后，对多发性硬化有了更全面的了解，反而能够及时调整心态，积极配合医生和家人，坚持治疗。现在我的疾病控制得很好，能够正常生活。"

目前，线上科普讲座已经涵盖了多发性硬化患者普遍关心的话题，如发病机制和治疗选择、如何辨别复发、及早开展疾病修正治疗的重要意义、哺乳期女性多发性硬化疾病管理等。

2）科普短视频：考虑到多发性硬化患者以年轻人为主，他们可能还在学习和工作。如何利用碎片化时间，通过更生动、便捷和人性化的形式触达更多患者群体？在科普直播的基础上，企业携手全国多发性硬化治疗领域十多位医学专家参与"医 MS"科普短视频制作，结合临床经验，聚焦患者最关心的话题进行权威解读。每个话题3分钟，体系化覆盖多发性硬化发病机制、早期筛查、诊疗管理、随访护理、康复支持等内容。自 2021 年 5 月上线以来，"医 MS"已经累计推出 22 个科普短视频，累计观看量达近 5000 人次。

3）利用疾病日，提升社会关注度：①国际罕见病日：2021 年 2 月 28 日为国际罕见病日，企业联合北京病痛挑战公益基金会和多发性硬化之家发布我国首部讲述多发性硬化患者生活的纪录片《让爱可及》。短片讲述了多发性硬化患者瑶瑶（化名）就诊、确诊、治疗的整个历程：确诊前四处奔波，找不到病因的无奈；确诊后的无助和绝望；以及在家人和病友的支持下重拾信心，积极投身患者组织，为更多病友呼吁呐喊。纪录片真实展示了多发性硬化患者的需求，以期获得更多社会支持和认同，让更多患者有能力接受规范治疗。借助国际罕见病日的契机，2022 年企业再度携手北京病痛挑战公益基金会在知名播客"随机波动"平台上发起了一场针对多发性硬化的深度访谈，邀请神经免疫专家和多发性硬化患者代表共同参与直播。"随机波动"由 3 位女性主播组成，且听众多为中青年女性（占比 72%），契合多发性硬化疾病高危人群的特点，触及项目传播目标人群的同时，提升大众对多发性硬化疾病产生的话题探讨及关注度。②世界多发性硬化日：2021 年 5 月 30 日，值此世界多发性硬化日之际，北京病痛挑战公益基金会和诺华共同发起并主办"万分之一的美丽"多发性硬化日疾病科普活动，旨在提高公众对多发性硬化疾病的关注与认知。活动以线上概念影展为核心载体，邀请 14 位多发性硬化患者参与活动，用光影定格她们美丽的瞬间，更聚焦漫长岁月中，她们与疾病对抗的坚韧与不屈。知名演员金晨女士也积极为此次活动公益发声，呼吁社会各界共同看见、理解并守护这份罕见的"美丽"。

（2）寻医问药

寻医问药板块通过发布诊疗地图，帮助患者"第一时间"找到对口的医院和专家，缩短确诊周期，方便患者可据地图指引了解附近医院的诊疗特长及医生信息，给患者就诊提供更科学准确的指引。

在找医生的功能板块基础上增设"问药品"板块，患者可以通过定位找到最近的医院，并根据自己的需求选择具有医保的医院、医保药房和自费药房，充分满足当下提倡的罕见病多方支付体系，缓解患者用药难的现状。

（3）看政策、寻支持

今年，"加强罕见病研究和用药保障"被写入《政府工作报告》。近年来，全社会高度关注罕见病患者这个小群体，罕见病诊疗体系日益完善，罕见病新药审批不断提速，部分罕见病药品价格大幅降低，为更多罕见病患者带来了希望。

在"看政策"板块，患者可以通过手机定位了解所在地的国家医保执行和省份的医保执行政策。除此之外，还有援助基金、商业保险、互助基金等相关信息提供，助力把国家医保、商业保险、各种慈善基金、公益组织等，从不同的角度进行补充，使最新的科研成果能够最快地造福于普通患者。

3. 积极开发新功能，"多发性硬化关爱家园"助力提升多发性硬化防治水平

"多发性硬化关爱家园"作为在学会指导下、患者组织与企业共建的一站式信息平台，有效提供了患者从疾病知晓、诊断和治疗的信息索引，助力提高对多发性硬化的疾病认知和管理水平，减少患者因误诊所带来的问题而耽误治疗窗口，做到尽快确诊，早诊早治，有力推动我国多发性硬化防治水平，为实现"健康中国2030"的目标增添一分力量。

未来，"多发性硬化关爱家园"在维持日常运营的同时，也将积极开发新功能，如智能小助手、联动互联网问诊平台等功能，在疫情常态化背景下，可通过"多发性硬化关爱家园"窗口接入互联网在线问诊平台，满足多发性硬化患者的多种需求服务，打通在线问诊、健康商城、互联网医院等专业医疗服务，为多发性硬化群体提供"防预、诊疗、购药"线上线下一站式服务，助力推动我国罕见病医疗服务水平的提升。

4. 案例点评

MS 与 NMO 病友会公共事务联络官瑶瑶点评:"我们该找谁看病?""我有点难受,是复发了吗?""药物不良反应又来了!我是不是无药可用了?"多发性硬化患者常常受到这些问题的困扰。而"多发性硬化关爱家园"提供的内容涵盖疾病科普、政策普及、医疗资源分布、患者康复故事等,大大助力了患者的康复信心和日常疾病管理。

罕见病群体疾病知晓率低、寻医问药困难是不争的事实,有政策保障,更需要举全社会之力,尤其是得到相关企业的鼎力支持。诺华正是提供了这样一个典型案例,既通过创建"多发性硬化关爱家园"探索了全病程自助管理的路径,也就此搭建了企业与患者间的桥梁,企业与患者组织间的深度合作,进一步助力并赋能了患者。当企业可以倾听患者的需求,看到患者的困难,更躬身入局来提供帮助,这才是一场真正的双赢。

参考文献

[1] DAWKINS HJS, DRAGHIA-AKLI R, LASKO P, et al. Progress in rare diseases research 2010-2016:an irdirc perspective[J]. Clin Transl Sci, 2018, 11(1):11-20.

[2] J H NOSEWORTHY, C LUCCHINETTI, M RODRIGUEZ, et al. Multiple sclerosis[J].N Engl J Med, 2000, 343(13):938-952.

[3] 中华医学会神经病学分会神经免疫学组,中国免疫学会神经免疫分会.多发性硬化诊断和治疗中国专家共识(2014 版)[J].中国神经科杂志,2015,48(5):362-367.

[4] 关于公布第一批罕见病目录的通知 [EB/OL]. (2018-06-08)[2023-02-09]. http://www.nhc.gov.cn/yzygj/s7659/201806/393a9a37f39c4b458d6e830f40a4bb99.shtml.

[5] 毛悦时,吕传真.多发性硬化的流行病学 [J]. 国外医学(神经病学神经外科学分册)2004,31(4):328-331.

[6] 重磅!中国多发性硬化患者健康洞察蓝皮书暨 2021 版中国多发性硬化患者生存质量报告(完整版)[EB/OL]. (2020-04-30)[2023-02-16]. https://www.163.com/dy/article/GB9EDG9N0514ADAH.html.

案例 4.5　赋能患者全程管理

李琛琛

恶性肿瘤是威胁患者生命的疾病，为了挽救肿瘤患者的生命并提高其生活质量，为患者提供合理的治疗和优质的护理是临床治疗的重要环节。因此，不仅要治疗和护理人体的某种病症，更要重视了解患者的心理状态及其所处的社会环境。

20 世纪 50 年代以后，癌症逐渐成为人类健康的最大威胁。人们逐渐意识到，癌症的发生和发展是多因素综合影响的结果，除生物学因素外，还与人的生活习惯、行为方式、环境污染等有密切关系。世界卫生组织指出：21 世纪的医学将从"疾病医学"向"健康医学"发展，从针对病源的对抗治疗向整体治疗发展，从重视对病灶的改善向重视人体生态环境的改善发展，从群体治疗向个体治疗发展，从生物治疗向身心综合治疗发展，从强调医生作用向重视患者的自我保健作用发展，在医学服务方面，以疾病为中心向患者为中心发展。企业生产的产品最终服务于患者，患者才是医药企业最终赖以生存的"点"，以患者为中心是医药企业力求生存与发展的突破关键点。医药企业需要关注的不仅仅是产品本身，还要关注患者使用产品后的临床效果及用药体验。企业清晰地表达和交流以患者为中心的策略，能使其从行业中脱颖而出，成为医疗卫生专业人士可信赖的合作伙伴。

为了实现更好的患者体验，施维雅携手欧洲消化道癌症组织及其合作组织成员、医务工作者和其他患者支持人员，共同发起了 SHAPE 项目。SHAPE 是由多方利益相关者倡导的国际性项目，旨在为胃肠道癌症患者提供生活方式的支持。

1. 项目目的

第一，在互联网 + 时代的变革下，与相关组织协同搭建专业化平台，与患者建立有意义的、可持续的关系。

第二，与患者从单项输出到双向沟通，尽量考虑每个患者的真切需求，考虑每个患者的个体性特点。

第三，在注重患者隐私的同时，对患者的数据进行长期动态追踪。

第四，积极与权威中心、专家合作，从而获取更多真实有效的患者数据。

第五，建立包括患者意见领袖在内的咨询委员会来帮助推动创新的临床试验设计。

第六，与患者一起发展科学，整合患者参与，将患者经历、经验和知识，与专业医疗卫生人士的意见相结合，加速研发。

第七，探索患者参与学术、医院、医务工作、药房及其他公司联合行动的可能性。

2. 项目介绍

该项目在 SHAPE 指导委员会的带领下，与欧洲消化道癌症组织及其合作组织成员、患者意见领袖、医务人员等携手编写了 5 本涉及癌症患者活动、情绪、医患对话、饮食、旅程的手册，分别为：①《我的活动》(*My Move*)。②《我的情绪》(*My Mood*)。③《我的对话》(*My Dialogue*)。④《我的饮食》(*My Food*)。⑤《我的旅程》(*My Journey*)。用于指导癌症患者的活动计划、情绪管理、与医疗卫生专业人员迅速有效的沟通、营养管理及抗癌之路。5 本小册子将通过实用技巧帮助患者，让患者参与自己的诊疗过程，加强医患沟通、病友互助，增强患者的抗癌信心。在 SHAPE 项目工作人员的协助下，5 本简单的小册子将成为患者和医疗卫生专业人士、企业、其他患者及患者支持人员间的沟通桥梁。每一本手册都是为患者设计的，包含两个版本：一个版本是为患者准备的，另一个版本是为了帮助医疗卫生专业人士更好地了解他们的患者，并为患者的问题提供了适当的答案。

(1)《我的活动》——转移性结直肠癌患者的活动计划

《我的活动》根据癌症患者、患者组织、癌症专家和康复治疗专家的意见编写。运动是最好的抗癌方法，其能增强患者的抵抗力，使患者对各种放化疗的耐受性增强，降低癌细胞扩散和转移风险，提高生活质量，在一定程度上延长患者的生存期。但是，癌症患者能不能运动，还是要看患者现如今正在处于什么样的阶段，是一个什么样的状态。如果癌症患者刚做完手术，这个时候伤口需要愈合，要多加休息、静养。如果正处在急性感染期，也是不适合进行锻炼的。如果正在化疗期，可以进行一些非常轻微的活动，但是不能进行体育锻炼。想要知道自已能不能运动，最好的方式就是咨询一下自己的主治医师，听听医师的建议。运动对于癌症患者来说是非常重要的，但是有一个前提条件，那就是目前的身体状况允许癌症患者进行运动。癌症患者在运动的时候不能太过于盲目，也不能急于求成，要循序渐进，一步一个脚印。只有这样，才能让运动成为癌症患者的助益。

《我的活动》手册旨在指导癌症患者在病程不同时期的健康活动，协助患者制订科学规律的活动计划，同时与患者组织合作，组织线下健康运动，帮助患者重拾信心和对生活的热情，使癌症患者在运动中融入日常生活和社区活动，更快乐、更健康、更自信。

（2）《我的情绪》——转移性结直肠癌患者的活动计划

《我的情绪》是 SHAPE 项目的一部分，这本手册根据癌症患者、情感健康和癌症专家的意见编写。

与癌症抗争通常是一段漫长的旅程——它会影响患者的情绪健康，就像它会影响患者的身体健康一样。在癌症之旅中，患者可能会有许多不同的情绪。当得到诊断，患者应学会与癌症及其相应的症状共存，接受不同的治疗与其不良反应，以及癌症的不同进展。对患者来说重要的是认识到这些感觉是正常的、可以被理解的，很多人都有同样的感觉。患者对诊断的第一反应或得知他的癌症已经恶化，可能是震惊、恐惧、内疚或对未来的不确定。有些时候，患者可能会积极面对，准备好了正面面对癌症，但在其他时候，他可能不知道下一步该做什么。事实上，在同一天或一周内，患者可能会经历一系列的情绪变化。有些人可能会经历更严重的问题，如抑郁和焦虑。

这本小册子将帮助患者理解他可能经历的不同感觉，通过实用的技巧帮助患者管理这些情绪，并在患者需要专业人士帮助时提供建议，如心理学家或精神科医生。

（3）《我的对话》——从医疗保健专业人员的对话中获得更多信息

《我的对话》这本手册是根据癌症患者、患者倡导组织和癌症专家的意见编写。

有时，患者与医疗卫生专业人员谈论他的癌症可能会感到困惑和不知所措。一方面有很多信息需要吸收，另一方面患者可能不想谈论他的某些情况，因此，与患者讨论治疗计划会很困难。"我的对话"旨在让这些对话更轻松，并鼓励患者分享影响他们生活和健康的决定。医疗卫生专业人员了解患者，可以为患者提供治疗方法和疾病风险预防知识。患者了解自己的身体，每个患者都有自己的个人经历、价值观和目标，知道自己想要从生活中得到什么。只要患者愿意并且有能力，就可以分享自己的治疗决定，与医生和护士一起参与到自己的治疗决策中。

《我的对话》手册旨在帮助患者与医疗卫生专业人员进行沟通，以便尽可能多地按照患者的意愿做出相应的医疗决定。

(4)《我的饮食》——胃肠道癌症患者的营养管理

《我的饮食》这本手册由癌症营养学家审阅，并听取了患者代表、护理人员和卫生保健专业人员的意见。

当患者面临胃肠道（消化系统）癌症诊断时，保持健康均衡的饮食非常重要。因为这能够确保患者摄入足够的营养和热量，在整个治疗和康复过程中保持体力，这十分具有挑战性，尤其是在对抗癌症和进行治疗的时候。消化道癌症包括结直肠癌、转移性结直肠癌、胰腺癌和胃癌。癌症相关症状或治疗相关不良反应可能会影响患者的食欲，患者可能不会像以前那样喜欢吃东西，患者的体重或排便情况可能会发生变化。这些影响很常见，在适当的支持下，患者可以通过多种方法克服这些影响。除了保证良好的营养，还可以提高患者的生活质量和幸福感，也可能影响并提高患者对药物或手术治疗的反应。在患者的抗癌之旅中，甚至可以再次体会到正常人对食物的乐趣。

《我的饮食》手册旨在帮助患者根据个人情况调整饮食，并在患有消化道癌症的同时仍能从食物中找到乐趣。

(5)《我的旅程》——穿越消化道肿瘤之路

《我的旅程》参考了癌症患者、患者组织、情感健康专家和癌症专家的意见编写。在日常诊疗中，我们会发现随着接触的癌症患者增多，很多患者并非不愿意变得像家人、医生所希望的那样乐观开朗，但情绪并非开关，不可以简单地把快乐打开、把悲伤关上。除了求助专业的心理医生，还可以记录或分享自己的抗癌旅程。写日记本身就是一个情感加工的过程，当危险、绝境和失控的情况出现时，写日记可以降低它们的破坏力。如果能有规律地记录一些"感恩"日记，也就是在日记中记录令自己感动的人和事，会增加写日记者对生活和人际关系的满足感。并且写日记有助于培养自我感知能力，也就是让自己更了解自己。当坚持一段时间写日记后就能发现，自己失眠的原因是因为不安全感，怕漫长的治疗过程会让家人失去耐心；自己一直被负性情绪拖累，很容易被情绪诱导进而做出令人后悔的选择；自己居然是个完美主义者……这些发现能帮助患者找到自己难过甚至抑郁的原因，找出失眠的心理病因，对症下药。每个人的故事是由他自己书写的。

《我的旅程》手册旨在帮助患者和情绪和谐相处，真实地记录抗癌过程中的点点滴滴，开心与幸福，难过与悲伤，焦虑与气氛，恐惧与死亡等。协助癌症患者坦然地接受治疗，做自己想做的事，保持乐观的心态，记录自己真实的抗癌经历，甚至分享给大家。

3. 项目影响

SHAPE 项目采用 5 本简单的小册子，将患者、患者组织、医疗卫生专业人士紧密地连接在一起，更加体现了"以患者为中心"的治疗模式，让患者参与到自己的诊疗过程中。同时在医生版本的小册子中，我们针对医务工作者如何更好地进行医患沟通，提供相应的建议。并就患者的常见问题提供了适当的答案。同时，在 SHAPE 项目中，还包含开展线下"医患沙龙""经验分享""美食辅导班"等活动，帮助患者更好地参与疾病的全程管理中。

企业作为其中重要的参与者，可以实现对患者健康状况的动态追踪，了解患者在诊疗过程中的真实想法，探寻患者在现有诊疗中尚未满足的需求。整合患者参与，将患者经历、经验和知识，与医疗卫生专业人士的意见相结合，从而加速新药的研发。

"以患者为中心"绝不应该仅仅是口号，应从理念逐步落实到实际行动中。不仅要在思想层面上为患者思量，协助患者科学的认识和管理疾病，如这 5 本手册的设计和应用，还应在产品研发等项目中鼓励患者的参与。以患者为中心的药物研发，意味着需制定使患者利益最大化的研究方案，并充分尊重和体现患者的意愿。患者越早参与，在临床研究设计中患者的观点和需求就会被更加充分地考虑，将更能提高患者体验和临床研究的整体质量。

案例 4.6　"以患者为中心"，让患者的"声音"被听见

戴苏苏

　　本案例是基于淋巴瘤之家开展的患者座谈及其他患者调研数据，挖掘患者未满足的需求，思考现有患者教育、患者关爱服务的价值与优化机会点。

　　在传统的医疗决策过程中，医生占据绝对主导地位，尤其是在相对更复杂的肿瘤领域。通常，医生会基于检查、检测对患者病情作出诊断，但医疗决策并不局限于诊断环节，后续的治疗方案选择、治疗依从性等诸多环节中越来越多地渗透了患者及其家庭的参与。

　　根据 Kantar Health 2018 年发布的报告[1]显示，有93%的初始治疗决策由医生参与，32%的初始治疗决策中有患者参与。患者参与的比例在不同的疾病领域有所不同，心理相关疾病中患者参与占比最高，达到32%，肿瘤治疗中患者参与占15%（图4-4）。这一比例在历年的调研中，呈上升态势。所以，我们常说的"以患者为中心"不止是一种情怀，更有了现实的价值与意义。

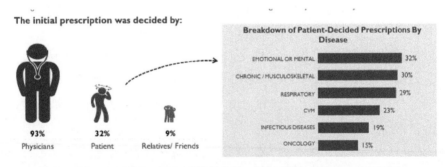

图 4-4　患者参与治疗决策的调研

1. 真正以患者为中心，需要倾听患者的诉求

了解患者需求的方式有很多，既往我们可以通过定性、定量调研了解患者

个体化的诉求与反馈；随着数字化赋能，也有了更多的调研方式。

（1）定量调研

通过较大的患者样本、结构性的问卷设计，反馈患者的共同需求。以"淋巴瘤之家"为例，连续多年开展淋巴瘤患者生存调查，形成了6本调研报告，并在此基础上，推动政策分析和讨论，帮助患者降低经济负担，提高药物可及性。

（2）定性调研

通过小组座谈会、深度访谈等形式，深度挖掘患者及家属的观点，有利于对一些问题进行深度理解，并逐步修正前期假设。2021年，淋巴瘤之家举办了多场淋巴瘤患者座谈（一般多为闭门会），深入探寻患者及家属在治疗中未满足的需求，尤其是通常比较容易被忽视的患者参与、社交和心理需求。

（3）社交聆听

我们常说互联网时代的人们是健忘的，但互联网又是有记忆的——每一条发布、每一个评论、每一次转发、每一次点赞都反映了使用者的态度、习惯和偏好。针对患者的社交聆听，就是基于医患问诊平台、患者沟通平台、社群等大量语料并结合语义分析，了解患者认知及需求，并发掘机会点。

上述多种方法论只是一些路径，我们更希望通过了解患者在其治疗旅程上的诉求，规划出更符合患者需求的服务，驱动"以患者为中心"理念的真正落地。

2. 患者了解疾病，是好事还是坏事？

大家都在谈做"患者教育"，但换位思考，多少人愿意被他人"教育"？与其定义为患者教育，不如将其定位为科学信息的梳理，以便有意愿主动学习的患者更高效地获取可靠信息，后文仍以"患者教育"表述。

越来越多的患者在身体上出现信号（症状）时，会选择通过搜索引擎了解疾病。当他们拿着检查报告去找医生解读报告时，或多或少都已经带着从网上习得的印象。搜索引擎上的疾病信息是把双刃剑，内容丰富却也真伪难辨，患者及家属在有限的时间内通过网络学习很难确保建立完整客观的治疗观。在医生处，我们也听到了两种声音：医生有时对患者（家属）的主动学习顾虑重重，医患双方信息不对称很可能带来更高的沟通成本，但同时医生也希望患者（家属）对自身疾病能有所了解，这样患者可以更好地配合治疗，提升治疗依从性。

从淋巴瘤之家在 2021 年举办的淋巴瘤患者座谈会上，我们获知了部分平台上患者（家属）获取信息的路径和诉求。

①疾病诊断初期，搜索引擎是患者最主要的信息来源。信息庞杂、不符合新患者的认知水平是最大的障碍。有患者表示："我上网搜索慢淋信息，信息很多，找不到重点，不明白什么意思，这样的信息对我来说意义不太大。"在信息爆炸、高度复现的情况下，信息传递的效率相当低下。大量的信息在患者端只能形成模糊的概念，缺乏辨识度，也无法打动患者。

②淋巴瘤之家论坛上的用户大多是在疾病确诊的 2～3 个月，通过病友分享加入论坛。这一时间节点，新确诊患者通常已经启动初始治疗方案，通过病友间分享和患者社群梳理过的科普知识，患者（家属）对自身方案和其他治疗选择逐步加深了解。在惠每医疗开展的一项针对线上免疫检查点抑制剂疗法讨论的分析显示，患者（家属）最关注的话题主要集中于治疗方法、疾病概况和预后管理，约占总体讨论量的 3/4。

③随着治疗的推进，患者间的需求差异会逐渐拉大。目前，淋巴瘤之家论坛上已汇聚了超过 10 万的淋巴瘤病友。人群自发分层，少数成为患者群体的意见领袖，部分患者（家属）对知识深度的要求会更高，他们会主动浏览国内外文献、关注医生端资讯、跟进最新治疗进展。有些会积极参与讨论，大多数仅是沉默的潜水者。但相对而言，平台上用户仍属于有较强求知欲的患者人群。

④仍有相当数量的患者（家属）不在淋巴瘤之家等患者社区 / 患者组织触达范围内，他们更多地被动参与治疗决策，信息来源主要是医生及同科室的病友。

3. 分层且多样化患者需求，药企如何为患者组织、医生群体赋能？

从信息传播原理角度看，打动用户，需要具备 3 个要素：信息与用户的关联度、信息源的可靠度、信息的简易度。信息与用户的关联度，在患者"教育"上阻碍并不大，会主动寻找疾病科普信息的患者与这些内容间自建了强关联，信息源的可靠度和信息的简易度带来的壁垒更高。

在内容科学公允的前提下，药企在自有产品的信息梳理上是有天然优势的，药企更了解自有产品，有充足的医学支持，可以帮助医生为患者提供适合患者（家属）了解的专业、科学的疾病知识。

内容上，智能手机的普及化，短视频时代正逐步解构用户信息获取的方式、重塑传播模式和消费选择行为。尽管疾病治疗仍然是相对严肃的领域，但信息的承载方式和受众的选择偏好还是受到了大环境的影响。更简短的篇幅、更直观的解说影响着患者教育的模式。比如，专家推出了 60 秒短视频讲解疾病科普知识，颇受欢迎，这种方式就是契合了患者的需求。通常，药企出于合规的考量，不会直面患者，但我们仍然可以通过赋能医生，把患者更期待的问题、呈现形式反馈给医生，来提高疾病科普的效率。

互动也是互联网时代突出的传播模式，相比于单向传播的专家讲课，基于患者最关注的答疑环节，经常更能吸引关注。通过提供医患沟通的创新性自助平台，在疫情期间为医患沟通搭建桥梁，也能赋能有意愿开展患者教育的科室，以便捷的方式推动系统线上患者教育开展，还能通过这样的形式，提升患者规范化治疗的意愿。当然，患者的信息需求是有梯度的，随着其对疾病了解的加深，大家不再满足于常见的科普信息，而是期待更前沿的资讯，更深度地数据解读，目前一些患者社群已经开始尝试，这也是药企能够赋能和支持的机会点。

4. 除了就医，患者还需要什么？

撇开疫情特殊阶段带来的医疗资源高度稀缺，即便在以往，对患者而言，医疗资源分布不均和资源短缺仍然为其治疗带来了很大的压力。《2019 中国淋巴瘤患者生存状况白皮书》显示，大部分的患者仍需要集中到北京、上海、广州或省会城市就诊才能获得确诊。

高度集中的求医现状带来了诸多问题——有异地就诊的费用问题、上下级流转带来的治疗挑战、药物可及性等。除了经济上的压力、身体上的疲惫，患者们也纷纷表达了心理上的疲惫。根据淋巴瘤之家开展的患者座谈显示，在确诊到首次用药过程中，仅有非常有限的患者（不足 30%）能通过与医生的沟通，了解用药方案的选择理念，剩下更多的患者是抱着对医生的高度信任、选择先接受治疗后了解。在开始治疗后，仅有 25% 的患者接受过 1 次或以上的关爱随访。患者表示，"专业、定期与互动强的随访服务，有专业医护日常跟进患者病情"是他们期待的，希望有人能定期询问、问有所答，同时期待心理上的疏导。

我们可以看到，越来越多的药企参与到患者关爱项目中来。以百济神州为例，通过支持由公益组织发起的患者关爱项目，由具备专业医学及患者服务能力的第三方提供多样化的支持，如通过临床医助、院外直接面向患者（Direct to Patient，DTP）药房、互联网医药平台，协助医护做好患者院内院外管理等，帮助医生指导患者合理用药，提供更便捷、正规的购药渠道信息。

5.支持患者组织发声，提升群体影响力

患者个体的发声，更多的是微观层面的意见反馈，其影响力受到诸多因素的影响，通常难以持续放大。相比之下，患者组织，对内扮演着支持互助、整合的角色，对外有利于提升整个社会对疾病领域的关注，甚至可以驱动政策演进。医药企业在此过程中，可以为患者组织搭建更大的平台，推动跨疾病领域的患者组织交流，以及国内外患者组织的联动，帮助国内患者组织进一步成长。

6.局限性思考

真实环境中，有很多影响患者治疗意愿、治疗选择的现实因素，如医疗资源的可及性、治疗方案的可支付性等，患者更关心治疗的有效性、安全性和经济性等。作为蓬勃发展的创新药企，期待为患者带来更多的治疗选择，让本土患者有机会参与临床研究，以更快的速度使用上可负担的高品质创新药，我想这些对患者来说是更实质性的支持和帮助。本文的讨论是基于患者调研反馈信息的思考，希望从微观层面优化患者融动各环节，以期能更好地为患者提供支持和服务。受限于样本量及抽样中存在的偏差，调研信息对业务的指导和参考意义，还需结合实际情况做出更系统性的判断和调整。

参考文献

[1] HAN Y，LI A.Improving the quality and efficiency of care delivery through in depth understanding of the Chinese healthcare digital landscape[J].Value in Health，2018，21.

案例 4.7　激发正能，赋能患者

任　瑜

多发性硬化是一种以中枢神经系统炎性脱髓鞘病变为主要特点的罕见病，该病多发于 20～40 岁的女性[1]，可引起躯体和认知功能障碍。如得不到及时、规范的治疗，会因不可逆的神经功能缺损而引发残疾。在中国，多发性硬化患者仅占罕见病患者中的 0.15%，约有 3 万名患者被其所困扰[2]。

了解多发性硬化这种罕见病的途径是有限的，我们需要倾听患者对于疾病的认知情况如何，生存质量又是怎么样的。2019 年，由中华医学会、中国医疗保健国际交流促进会和赛诺菲公司共同发布《中国多发性硬化患者生存报告》（以下称为"一期调研"），这是首个揭示中国多发性硬化患者生存现状的调研，为我国多发性硬化领域的探索和发展奠定了坚实的基础。2021 年，中国罕见病联盟、中国医疗保健国际交流促进会联合赛诺菲公司发布《中国多发性硬化患者健康洞察蓝皮书暨 2021 版中国多发性硬化患者生存质量报告》（以下称为"二期调研"），进一步推动了我国多发性硬化诊疗模式的发展。

1. 疾病认知与患者宣教

多发性硬化作为一种罕见病，若不能及时诊断并接受规范治疗，病情会随着时间推移逐渐加重，最终发展为残疾，给患者带来严重影响。

二期调研结果显示，几乎所有（96.3%）患者确诊时未听说过"多发性硬化"，近 1/4（24.5%）患者在出现症状后未立即就诊，多发性硬化患者发病至就诊的平均时间为 1.33 年[3]。这些数字都意味着患者对多发性硬化的认知不足，存在侥幸心理，未重视自身疾病症状，导致延迟就诊。这也在一定程度上说明，面向患者的宣教还远远不够，社会各界能做的还有很多。

赛诺菲的多元化患者关爱项目，致力于为患者提供更多形式、更多维度的宣教活动，帮助患者客观地认识多发性硬化。如 2021 年世界多发性硬化日，"长情陪伴半小时"线上公益活动邀请了 20 位权威专家陪伴 40 位多发性硬化患者，通过科普、游戏、互动的方式传递早诊早治理念，让患者接受原本难以理解的治疗理念，认识同为多发性硬化的病友，不再感到孤单。

2. 复诊随访与患者日记

确诊仅仅只是多发性硬化患者万里长征的第一步，多发性硬化是一种慢性疾病，需要坚持治疗，接受长期、定期的随访。

多发性硬化的缓解期治疗被称为治疗的黄金时间，然而通过"二期调研"得知，近六成（58%）患者在受访时表示缓解期并无治疗[3]。且受访患者群体规范化随访情况不容乐观，除复发住院外，曾至门诊就诊的受访患者比例不足一半（47.9%）[3]。缓解期无治疗、随访管理不佳，因此如何加强对患者规范化治疗的宣教成为一个绕不开的难关。

针对患者规范化治疗及随访问题，企业启动全病程管理项目，聚焦患者多样化诊疗需求，用创新工具造福患者，利用数字科学管理病程。例如，企业携手中国医药卫生文化协会打造的《多发性硬化患者日记》（以下简称为《患者日记》）是为中国多发性硬化患者量身定制、简易实用的疾病管理工具，有纸质小册子和网络小程序两种版本。小册子从"记、写、贴"三步走，帮助患者科学规范管理疾病；小程序版本的《患者日记》通过让患者参与好玩的用药打卡小游戏，种下属于患者的健康森林。2022 年该项目全面升级，持续为患者提供专业、及时、全面的健康服务。

3. 心理健康与患者关爱

一期调研也关注了多发性硬化患者的情绪问题，结果显示，多发性硬化患者饱受负面情绪困扰（85.3%），如担心、忧伤、无助等，甚至出现自杀念头（11.7%）、自杀或自毁行为（3.4%），而这可能对其家庭及社会带来极大负担和安全性隐患，间接对多发性硬化患者的社交及工作产生一定程度的影响。此外，近七成（68.7%）受访患者因多发性硬化不同程度地影响日常社交，高达六成（60.0%）患者目前没有工作。受访患者集中在青壮年、高学历群体（45.6%介于 20～40 岁，44.0% 拥有大学及以上学历），本该成为家庭支柱的她/他们却无法为自己、家庭和社会创造更多价值[3]。

关注患者的心理健康，是疾病全病程管理中关键的一环。医生、家人需要实时关注患者的心理健康，适时给予患者情绪关注。多发性硬化患者专属版《夜空中最亮的星》MV 就是医生对于患者的关爱，医患一起点亮属于他们的那颗星。14 位医生与 6 位多发性硬化患者跃出人海，制作首支多发性硬化患者专属 MV，传递他们对多发性硬化治疗的期冀。

总有人愿意为星而来，为点亮那一束光而来，做一些企业力所能及的事，搭建一个属于患者沟通平台，更希望丰富多样、温暖人心的活动平台可以激发出患者自身的能量，引发患者对于美好生活的渴望，从而赋能患者，让患者成为自己星星的点灯人，点亮自己心中的那束光。

参考文献

[1] 毛悦时，吕传真 . 多发性硬化的流行病学 [J]. 国外医学（神经病学神经外科学分册），2004，31（4）：328–331.

[2] 关注罕见病患者群体，9 成多发性硬化患者存在心理恐惧 [EB/OL].（2021–05–31）[2023–02–11]. http://zl.39.net/a/210531/9008745.html.

[3] 中国多发性硬化患者健康洞察蓝皮书暨 2021 版中国多发性硬化患者生存质量报告 [EB/OL].（2021–02–27）[2022–12–18].http://h5.iooo.net/2021/ms/.

第五章
患者参与的内外部赋能

一、概述

吴 云

"以患者为中心"的理念已成为制药行业共识，企业重视并开展"患者参与"是践行这一理念的重要举措。虽然"患者参与"在国内制药行业受到的关注较晚，但由于跨国公司在欧美等地多年的实践及其在各地分公司的大力推动，同时伴随着国内药物监管和卫生技术评估等体系与国际的接轨，在中国的跨国药企率先构建有关"患者参与"的职能体系，系统地开展药物全生命周期中的患者参与。部分具有先进经营理念的本土创新药企也积极开展和患者组织的沟通合作。无论是跨国药企还是本土创新企业，都将和患者组织的合作提到了战略高度，患者参与成为业务的重要组成部分。

在前面几个章节呈现的案例中，我们看到制药企业和患者组织在药物全生命周期的不同阶段开展了基于不同目的的合作。正如本书一开始所提示的那样，很多合作尚处在探索阶段，有些结果的呈现并不完整或完美，但所有这些尝试背后所体现的是企业在实践"以患者为中心"过程中的思考和行动，其所承载的意义远远超出了项目结果本身。

在企业内部，患者参与的探索和实践提升了各部门对患者需求的认知，对患者获益的理解，从而得以评估自己的工作是否直接或间接帮助实现惠及患者的目标。同时，基于对患者参与的理解和共识，跨部门之间的合作得以加强，且无论和患者组织的合作发起于哪个部门或团队，各部门共同受益于合作所获得的信息、数据和洞见，从而能够制订整合的业务计划，通过分工协作有效实施，最终实现"从患者中来到患者中去"。对于企业外部的患者组织来说，在和企业等利益相关方的互动、对话、合作中，愈加坚定了为患者发声、为患者群体争取更有价值的治疗方法、更公正的卫生政策的决心和信心，和企业的为患者组织带来了更多的资源，在做好当下服务患者工作的同时谋求更长远的发展。

（一）企业内部赋能推进患者参与落地

从严格意义上来说，患者参与并不是一个全新的业务领域。以往的患者教育、患者管理也属于广义的患者参与范畴，是患者参与的一种形式，只是这种参与形式缺乏双向沟通和互动，多以企业输出为主，企业探寻患者需求也常常通过传统的市场调研项目完成。当患者组织因其影响力的提升逐渐进入利益相关方的视线之后，患者群体被赋予了新的角色和使命，由以往单纯的用户转变成为产品的共同设计者和开发者，帮助企业确保其所开发的产品是患者真正需要的。

由于患者参与涉及药物全生命周期的各个阶段，相应的各部门业务中都可能包含患者参与的内容，研发部、注册部、医学部、市场部、准入部、传播部等基于业务需求都可能开展和患者组织或个体的沟通合作，不同部门的患者参与业务既存在分散性，同时又存在一定的重复性，因此如何有效整合患者参与业务对提升企业患者事务的内外部沟通尤为重要。

对此，近年来一些企业在职能设定方面做了相应调整，甚至在顶层设计方面进行了相应的布局。在患者参与职能设定方面主要采取的模式是设立专门的职能团队或岗位，如患者参与、患者合作、患者权益、患者倡导、患者互动与交流等。这些团队或岗位根据企业主要业务需求设置于不同部门或作为独立平行部门。团队名称的变化也体现了行业的演变趋势，患者教育、患者管理已经很少被使用，企业在开展患者事务，以及和患者群体沟通时，更注重与患者平等的互动交流，而不是以往的单向传递。作为一个专门的职能团队或岗位，"患者参与"更趋向于一个桥梁或枢纽职能。在内部，对接不同部门和团队，甚至不同国家和地区分公司的患者参与团队；在外部，识别并对接疾病领域的患者组织及其他利益相关方并开展合作。在顶层设计方面，一些跨国药企的患者事务团队直接向总部汇报，即使不向总部汇报，分公司的患者参与团队与总部也保持着紧密的沟通，共同构建患者参与的工作框架，分享各地的实践经验，彼此赋能。跨国药企在全球各分公司推行和落地患者参与体系，有助于企业在进行原研药全球市场布局规划时能尽早了解当地患者的需求，以及其他有助于决策的信息和数据，以制订出合理的全球市场开发计划。比如，在开展全球多中心临床试验时能合理安排各个国家或地区的参与、样本的分配、方案的制定等，减少不必要的临床试验重复，缩短国家或地区间药品上市的时间差。同时，全球患者参与团队的工作网络也有助于患者事务相关资源的共享，促进患者组织的国际合作、全球患者组织赋能等。

比如，辉瑞全球患者倡导团队领导着整个公司与患者倡导团体合作的战略。我们共同推动创新重点和创新成果落地，并创造和培育可持续的合作伙伴关系。患者倡导团队在各个地区都设立一位患者参与负责人。2022 年，全球患者倡导团队进一步扩大，在中国设立了患者倡导职能，以支持中国日益增长的患者需求。同年，辉瑞成立了第一个全球跨疾病领域的以患者为中心的顾问委员会。顾问委员会由资深的患者倡导领导人组成，就全球患者社群关注的话题和发展趋势为企业提供指导，对以患者为中心的项目和资源提供建议，并从患者维度共同设定衡量项目进展的方法。辉瑞相信，这些伙伴关系有助于提高患者对研发的参与度，使临床试验多样化，开发出对患者友好的教育材料和患者支持项目，并提升政策优先和有社会影响力问题的关注度（编者注：本案例由汪泳提供）。

又如，安斯泰来制药于 2019 年 4 月成立"以患者为中心"部门（patient centricity），聚焦于锻造团队能力，促进全球患者参与，从而让不同的患者群体分享见解洞察，并使这种洞察变为可执行的方案。目前"以患者为中心"部门采用全球汇报线管理，下设五个职能团队，分别为医疗情报和患者洞察（medical intelligence and patient insights）、患者洞察及解决方案（patient insights and solutions）、行为科学联盟（behavioral science consortium）、患者伙伴关系（patient partnerships），以及战略与整合团队（strategy and integration）。其中患者伙伴关系团队设立的主要目的是创造平台和机会，了解和解决患者关注的问题。与患者组织建立高度信任，加强安斯泰来的患者合作伙伴关系和声誉，使安斯泰来成为患者组织的首选合作伙伴。该团队在美国、欧洲、日本和中国均有本土工作人员（编者注：本案例由朱瑛提供）。

企业在设定患者参与的职能同时，设定相应的行为准则、政策流程则为患者参与业务的开展提供了合规保障和有效管理办法，并将患者参与工作逐步系统化、专业化。

以诺华为例，其内部设立有《与患者开展持续、系统化的互动行为准则》，主要包含4个方面内容：①尊重并理解患者组织的观点和立场。②开展负责任的临床试验。③拓展药物可及性。④强调公开透明和报告的重要性。在此基础上，又相继发布患者互动路线图、与患者和患者组织互动的标准操作流程、与患者/患者组织互动常见问答等文件，为规范地、有效地开展患者互动提供了行动指南，为企业内各部门全面实践患者互动提供指导，明确了开展患者互动需要考量的方面，以及规范开展患者互动的内部审核流程和主要审核点。同时，为了更好地反映并认可患者的贡献、服务和价值，秉承公开、透明的原则，企业也于2022年更新并统一了"患者互动公允市场价值"（编者注：本案例由陆昀提供）。

（二）从企业赋能患者组织到建立合作伙伴关系

和患者组织的合作，为企业带来了极具价值的洞见和数据。但目前我国的患者组织大部分还处在发展的初级阶段，人力、资金、经验、理念各方面均存在明显短板，加之企业开展患者参与的时间不长，大部分患者组织对如何参与到药物全生命周期还处在概念阶段，而企业要求惠及患者的速度越来越快，因此赋能患者组织以帮助他们成长发展，从而开展有效合作，加速惠及患者进程也成了制药企业的需求及患者参与工作的一部分。企业认识到在支持患者组织成长发展的同时，企业自身也同样获得发展。

开展患者组织的赋能需要对患者组织的现有状况进行评估，全面了解组织的工作内容、取得的成果、发展愿景、面临的挑战和困难，确定当前所处的发展阶段，针对性地进行赋能。比如，初级阶段的患者组织大多需要有关筹资和与利益相关方沟通的能力，而相对成熟的患者组织则更需要领导力和组织管理能力的进一步提升、品牌运作和声誉维护等。除了本书第一章所述的组织发展八大要素，一些关系到药物开发特定阶段或特定议题的实际参与能力对双方来说尤为重要，如临床试验阶段患者组织参与试验方案设计的能力、建立数据登记系统进行数据收集证据生成的能力、患者代表参与到药物临床综合评价体系中的能力等。

近年来一些跨国药企开始系统地开展患者组织的赋能工作。罗氏是患者参与的积极倡导者和实践者，患者和患者群体被视为企业关键利益相关方之一。罗氏总部于 2009 年开始每年举办全球患者组织经验交流会（International Experience Exchange for Patient Organizaitons, IEEPO）。IEEPO 每年都吸引来自全球各个国家和地区的患者组织代表前往参加。会议讲者除了患者组织的代表，还有来自卫生经济学、数字技术、大数据、媒体等方面的专家顾问。与会者从不同角度分享案例、表达观点、展开讨论，期望能为患者组织的发展及患者组织与各利益相关方的合作提供更多的见解和支持。同时，IEEPO 也是患者组织互相交流建立合作网络的平台，促进患者组织间的联系、合作和共同发展。罗氏中国近年来每年都会支持国内患者组织代表参加 IEEPO，促进中国患者组织和全球各地患者组织的交流和合作，并将交流所得带回自身组织的发展建设中 [1]。罗氏中国则于 2018 年起每年举办中国患者组织经验交流会（Chinese Experience Exchange for Patient Organizaitons, CEEPO）。在会议内容的设计上，充分结合患者组织的能力现状、发展需求，以及制药企业基于药物全生命周期中的业务需求。在此基础上，还针对不同患者组织的特点持续提供针对性赋能并开展合作加以实践。

此外，武田制药发起的患者组织成长地图项目，深入了解了患者组织的发展路径和关键里程碑，并设计工具包和培训指导，助力患者组织发展。诺华于 2020 年在亚太、中东和非洲等地区，与具有地区影响力的伞状患者组织和核心患者组织携手策划并发起了患者创新联盟与合作组织等。

除了企业提供的赋能平台，患者组织也依据自身需求开展组织内部赋能，特别是伞型、联盟型的患者组织，通过内部经验分享和对接外部资源为机构内的组织提供学习培训机会、项目提案辅导及基金支持等，同时对一些目前尚处在摸索阶段无法独立运作的小组织进行孵化扶持。一些国际患者组织依托自身平台的资源和经验优势，对全球患者组织开放赋能平台及辅导计划。这些组织内部的赋能项目也越来越多地得到企业的支持。助力患者组织发展、共建患者参与的体系和标准已成为企业社会责任的一部分。

这些赋能工作不仅提升了患者组织自身能力和影响力，促进了各组织间合作网络的建立、相互合作和共同发展，也提升了患者组织对制药行业的理解和认识，加强了彼此间的合作，有望和制药企业及更多利益相关方达成真正意义上的合作伙伴关系。因此从某种意义上说，赋能患者组织其实也是在赋能制药企业。

虽然患者组织代表的是当前某种病患群体的利益，但因为每个人都有患病的可能，实际上患者组织代表的是每个人的利益。因此，帮助患者组织成长发展，在医疗卫生决策中引入患者的观点、声音和数据，形成一套有效的患者参与机制，不仅能为当前的患者解决实际问题，也是为潜在的患者，为我们每一个人争取更大的利益和价值。

这一章将为大家分享部分跨国药企在公司内部是如何统筹安排患者参与工作，对外如何赋能患者组织并帮助患者组织可持续发展。企业对患者参与的定位和规划、具体工作开展过程中以目标为导向的问题解决思路，以及"以患者为中心"企业文化的打造，都会对患者参与工作的开展和走向产生深刻影响。作为制药行业传统业务模式之外的新兴业务，目前尚缺乏行业操作共识，分享先行者的思路以供后来者借鉴及同行间切磋有助于我们打开思路，跳脱业务局限性，进一步明确患者参与在业务网格中的定位，不断调整和优化患者参与的方式方法，进一步细化工作流程和操作细则。

参考文献

[1] 谷成明，康志清，贺李镜 . 智慧医学引领未来：医学事务优秀案例荟萃 [M]. 北京：科学技术文献出版社，2019：241.

二、实践案例

案例 5.1　建立与患者沟通的跨部门合作机制

赵　静

早在 1988 年，美国 Picker 机构开始联合其"以患者为中心医疗项目组"开始研究"以患者为中心医疗服务"的具体定义。伴随医疗水平的不断发展，以及公众健康需求的持续提升，今天，医疗界对"以患者为中心"这个词并不陌生。这个词是 2001 年由美国医学研究所提出。现在，"以患者为中心"的内涵正在不断扩充。

在中国，围绕"以患者为中心"的创新服务模式不断被深化落实，现已成为医疗行业不可逆转的趋势，逐渐取代"以疾病为中心"的传统医疗服务模式。

1. 患者互动的初步尝试

拜耳医学部一直认真践行"以患者为中心"的理念，认真倾听患者的声音，在患者互动形式上有诸多尝试，如患者专家顾问会、患者微信平台、患者医学工具、医保计算器等。在尝试过程中渐入良性循环，不断挖掘患者的需求，并满足患者需求，发挥出患者互动的业务价值。

以血友病治疗领域为例，2017 年第一次召开患者专家顾问会，多位患者组织代表及患者代表受邀参与。在与患者面对面的沟通中，有两点发现突破了企业既往的认知。首先，作为一种先天性遗传性疾病，既往认为长期甚至终生的治疗会让患者普遍对疾病的认知比较深刻。但在与患者的面对面沟通中，事实情况并非如此。在真实世界中，患者对于疾病认知的差距超出想象，患者组织在非常有限的资源下，正在努力填补这个差距。其次，患者普遍关注治疗所带来的经济负担，既往一直认为患者担心的是"钱不够"，但在患者专家顾问会中，患者代表反复提及的却是"钱没花对"。也就是说，在现实生活中，患者对于自己可以享受的医保待遇和政策往往是不清楚的，更不用说各种医保政策的组合使用、医保改善之后的合理利用。基于这两点重要发现，我们及时调整了血友病领域的患者互动策略。建立了患者微信平台——血友健康＋，向患者传递疾病知识，提供医保计算工具"优算宝"，同时，根据科普文章的阅读转发量等信息，持续追踪患者关注的问题，通过患者调研分析患者需求支持医学策略的制定。

2. 从患者互动工作组到独立的患者互动团队

多年来在患者互动形式上的不断尝试和收获，让拜耳医学部在以"患者为中心"的道路上越来越坚定，但同时也发现一些需要优化和提升的方面。首先，公司内部很多患者互动活动缺乏准确的项目类别定义和清晰的流程指引，缺乏可明确参考或直接应用的标准操作流程，每走一步都需要多次的跨部门沟通，耗费大量的时间成本后只留下一些非正式的书面记录；其次，不同的治疗领域团队为类似的患者活动或项目进行重复沟通，但这些沟通依然没有为后续类似活动的开展提供参考依据。

为改善以上现状，高效推动患者互动工作，2021年初，医学部设立了患者互动工作组，这是一个综合了各个疾病领域的专家小组，其成员来自医学部和患者互动紧密相关的团队，如医学顾问、医学联络官，以及药物警戒、医学沟通、医学合规、患者交流与互动团队。

患者互动工作组成立以后开展了一系列的工作。首先，梳理了历年来开展的患者互动项目。通过与各个项目发起人的沟通，明确了不同类型项目的关键信息和流程；其次，邀请内部合作伙伴召开患者互动工作坊，挖掘各职能团队在患者互动方面的需求，跨职能部门如法务、合规、数据隐私等提出对患者互动项目的评估要点，同时，邀请外部合作伙伴分享更广泛的患者互动形式和行业经验，小组成员积极参与患者互动相关话题的行业会议，并进行内部分享，开拓大家的眼界和思路。

患者互动工作组的建立在一定程度上解决了之前工作中存在的一些问题，但在患者互动的长期策略制定和整体流程优化方面仍存在一定差距。在德国的拜耳医学部总部2017年即成立了患者互动团队，近年来规模不断扩大，很多总部项目的对接和资源承接，都需要分公司相应的职能团队来完成。基于此，在患者互动工作组运行半年之后，建立独立的患者互动团队被提上日程。2021年10月，中国患者互动团队正式成立。该团队的主要职能包括：①发展医学部的患者互动策略及资源整合。②患者相关活动的流程梳理和优化。③医学部患者互动能力及效率的提升。④患者互动项目的设计和执行。同时在团队愿景：All for patient，we all together（一切为了患者，我们团结一心）的引领下，明确了近两年的工作重点：①以患者为中心的文化打造和能力提升。②患者互动项目的流程梳理和优化。③患者互动的外部资源及合作方探索。

　　亚马逊的创始人杰夫·贝索斯曾经说过："总有人问我未来十年会有什么样的变化，但很少有人问我，未来十年什么是不变的，我认为第二个问题比第一个问题更重要，因为你要把战略建立在不变的事物上。"对于制药企业来讲，患者未满足的需求就是那个不变的事物，在这个不变的事物上，我们是不是有足够敬畏的心去尊重它、足够开放的态度去认识它、足够优秀的产品去满足它，值得每一个人思考。

案例 5.2　患者组织成长地图项目探索

张　敏　郑文婕　金健健

现今，在大力推进"健康中国"的时代背景下，人民群众的健康问题愈发受到关注，大众对疾病的认知和治疗意识大幅上升。其中，罕见病也越来越多地受到社会各界的重视，大众对罕见病的认知度也在逐渐提高。在此背景下，由患者自发组成的患者组织开始渐渐走进大众视野。

患者组织在国内暂无明确的定义，仅参考由 EMA 制定的广泛使用定义[1]：患者组织是以患者为中心的非营利性组织，患者和（或）照顾者（患者无法代表自己时）代表理事机构中的大多数成员。患者组织通常为单一疾病或疾病领域（如罕见疾病、癌症）而建立。

患者组织的主要任务是改善患者的治疗体验和生活质量，代表患者发声，并推动以患者为中心的医疗生态系统全面发展和完善。患者组织还可促进科学、治疗和护理领域的进步，为患者和护理人员提供信息、教育和服务，参与患者管理，维护患者权利和福利。成熟的患者组织具有获取资源的能力，以开展疾病和政策倡导活动，与主要利益相关方建立合作关系，为研究和患者服务筹集资金，提升组织可见度和可信度。

患者组织在患者支持、医疗研究、产品研发、政策倡导等方面均具有极大的影响力。然而，当前中国患者组织发展状况参差不齐，面临着各种挑战，如人力资源短缺、结构管理松散、缺乏政策倡导经验等。针对中国患者组织的发展问题和挑战，武田中国结合国内外不同发展阶段患者组织的运营经验，绘制患者组织成长地图，通过成长工具包和培训指导方案助力中国患者组织的发展。

1. 患者组织成长地图绘制方法

为了学习国外成熟患者组织的发展经验和运营方法，结合中国患者组织发展现状和发展经验，形成适合本土化发展的患者组织成长地图，武田中国在2019 年启动了患者组织定性调查研究，调研涵盖了国内外不同发展阶段的患者组织、邀请药企决策者参与，并通过大量文献检索，生成患者组织成长地图、提供患者组织不同阶段发展路径和患者组织孵化培养所需技能意见。调研主要通过深访患者组织及利益相关方，横向分析和总结患者组织的发展路径。访谈的内容可帮助我们以不同视角了解患者组织、发现问题、总结经验，为患者组织的可持续发展提供经验支持。根据访谈见解和阶段特征，生成具有关键里程碑的发展路线图，针对每个阶段的机遇、挑战、需求等给出关键建议。

2. 患者组织的发展阶段

根据调研确定了患者组织发展的 6 个主要阶段，这些阶段代表了理想化和系统化的发展流程，每个组织都将根据自己的志向和发展阶段设立目标，但每个发展阶段因患者组织背景、愿景、目标和特征而异（图 5-1）。目前，中国仅有少数患者组织发展到成熟期，大部分仍处于探索发展的过程中。

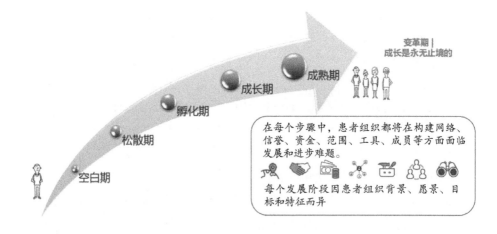

图 5-1 患者组织发展的 6 个阶段

（1）空白期：想法萌芽

空白期是患者组织形成的萌芽阶段（表 5-1）。在这一阶段，患者组织没有正式的领导人，由号召能力较强的组员自发地进行组织和带动。此时组织处于非结构化状态，没有明确的分级和分工，团队的组织能力较弱。活动主要以患者间的交流和分享为内容，没有对外社交功能，组员之间的交流也是以使用个人社交软件作为工具，如微信和 QQ 等。处于空白期的组织缺乏经营能力和资金支持。

表 5-1　空白期的特点、发展建议及可用资源

	特点	建议	可用资源
领导力	没有正式领导，但有号召力强的组员领头	• 确定潜在的领导者候选人并提供培训 • 集思广益确定组织愿景、使命和目标	• 其他患者组织的成功经验 • 志愿者和成员的个人资源 • 基金会或其他机构 / 部门的支助 • 医院传单 • 微信、微博、QQ 等数字化工具
组织力	非结构化，由一群患者和家属组成的"散沙"	集中人力资源，给予职责范围	
活动力	以患者间的交流和分享为主	• 讨论和理解患者需求和期望 • 提供场地和基本资讯，如互助小组，疾病信息	
协作力	无对外社交网络，仅限于病友间的接触	• 至少寻找一位专业医护人士作为顾问 • 扩展成员人数	
经营力	无任何资金	• 了解现有资源 • 设定短期筹资目标	
创新力	个人使用的交流工具，如微信、QQ	管理现有交流工具并且设定交流规则	

针对空白期的患者组织，首要任务是确定组织的领导人。在组织中确定潜在的领导者候选人并提供领导管理的培训，使其明确组织任务，组织使命和目标，并使组织结构化。为了提高组织的协作能力，需要招募更多的成员加入，且组织内需要至少一位专业医护人员作为顾问，帮助和解决组织内疾病相关的专业问题。

现阶段为了使组织有结构、有分工、有合作，领导者需要：①做组内人员调查，给予组员工作任务，提升组织内工作效率，完善组织工作内容。②讨论和理解患者需求，明确患者的期望。③在充分调查和了解患者的实际需求后，根据情况提供场地和基本资讯，如设立互助小组分享和讨论疾病信息。

④了解现有资源，并对外寻求帮助，设定短期筹资目标，为患者提供力所能及的服务，如与基金会、公益组织、制药公司等达成协议，获得支持。⑤管理现有的交流工具，并设定交流规则，共同维护群体交流秩序，确保沟通方便准确。

（2）松散期：有领导有目标

松散期的患者组织初具架构（表5-2）。组织中有领导者和组织者，但活动仅局限于组织内，在社会上的影响力和号召力较弱，组织能力较为松散，没有明确的制度和章程。在活动力方面，组织只限于为患者及其家属提供基本的医疗信息和治疗途径等。在这一阶段有医护人员作为专业顾问，可以同行业领袖建立关系，开始寻找盟友和合作伙伴。由于松散期的组织没有稳定的资金来源，组织内的财务管理还未形成制度，组织内常用的交流工具也为个人社交软件，仅限于感情共享和信息交流。

表5-2　松散期的特点、发展建议和可用资源

	特点	建议	可用资源
领导力	出现并确定领导者，但在社会上无知名度	• 确认核心团队成员，并了解成员的背景和能力 • 领导者需要增加曝光度	• 其他患者组织的成功经验 • 志愿者和成员的个人资源 • 专业医护支持和固定交流 • 基金会或其他机构/部门的支助 • 医院和其他机构的宣传网络 • 第三方服务商，如IT和财务
组织力	单一且有限的结构，无制度和章程	• 设计和搭建架构 • 定章程，分责任	
活动力	为患者和家属提供医疗信息、看病配药途径等方面的资讯	• 增加患者活动并拓展活动内容 • 邀请专业人士加入患者活动中	
协作力	与专业医护人士和意见领袖建立关系，开始寻找盟友和合作伙伴	• 继续招募患者和志愿者 • 加深和专业医护的关系 • 辨别合作伙伴和盟友	
经营力	资金主要来自会员或领导个人，财务管理混乱	• 寻求资金来源 • 设计财务管理架构	
创新力	常用工具的使用，但仅限于感情共享和信息交流	着手注册官方网站和申请公众号等	

对于松散期的组织，首要任务是确认组织核心的团队成员，并深入了解成员的个人能力。对于领导者来说，需要增加组织的曝光度，提升知名度和影响力。要设计和搭建组织框架，使组织分工明确。同时，核心成员需要共同商议制定章程，明确责任。为了增加团队的资源，组织应继续积极招募公益和志愿者，以及加深和专业医护人员的联系。另外，可以与其他公益组织展开交流活动，加深多方合作，培养合作伙伴和盟友。组织的运营也需要资金支持，所以需要寻求多渠道的资金来源，并且设计财务管理系统，使得资金出纳有序。为了使患者更容易获得信息，需要搭建官方网站、申请官方社交账号，如微信公众号和微博账号等。

（3）孵化期：有稳定团队

孵化期的患者组织已经有核心团队（表5-3）。这一阶段的组织主要依赖于创始人或者负责人带领，作为特定疾病领域的组织开始被社会认识并且开始建

表 5-3　孵化期的特点、发展建议和可用资源

	现状	建议	可用资源
领导力	主要依靠创始人或主任带领，作为特定疾病领域的组织开始被社会认知	· 领导者需要确保团队的可持续性 · 核心团队成员需要扩大影响力	· 其他患者组织的成功经验 · 志愿者和成员的个人资源 · 专业医护支持和固定交流 · 基金会或其他机构/部门的支助 · 医院和其他机构的宣传网络 · 第三方服务商，如IT和财务
组织力	开始建立管理体系，为合法化做准备，核心团队以志愿者为主	· 完善架构 · 更合理地安排人员	
活动力	进行有限的区域活动，为更多的患者提供相关信息和帮助	活动常规化且固定化，着手拓展可触达区域以增加活动数量	
协作力	与制药公司或其他机构建立关系并拓展社交网络	· 维护现有资源和人脉 · 通过现有渠道和资源拓展人脉	
经营力	开始设计财务模块和管理资金，资金主要依赖于捐赠	· 维持和管理现有资金来源 · 寻求新渠道	
创新力	在使用日常工具的基础上，建立官方网站	维护官方账号，包括定期更新活动、公开财务等信息	

立管理体系，寻求合法化途径，为组织注册做准备。组织的核心团队以志愿者为主，进行有限的区域活动，为更多的患者提供疾病相关信息和帮助。在对外事务上，组织与制药公司或基金会、公益组织建立关系并拓展社交网络。在财务方面，资金支持主要依赖于捐赠，组织也开始设计财务模块用于管理资金。同时，在使用日常交流工具的基础上，建立官方网站。

对于这一时期的组织来说，首要任务是维护现有的资源和人脉，并拓展更多人脉。组织需要维持和管理现有的资金来源，寻求更多的渠道获得资金支持。同时，领导者需要确保团队的可持续性，核心团队成员则需要扩大影响力。组织内需完善组织架构，充分调配人员，合理安排人力资源进行工作分配。组织活动需要常规化且固定化，并着手拓展可触达区域以增加活动数量，丰富活动内容。另外，需要专职人员继续维护官方账号，如定期更新官方账号内容、组织活动、公开财务等信息。

（4）成长期：合法且知名

成长期的患者组织已具有合法性和一定的知名度（表5-4）。团队仍然高度依赖主要的领导人员，在疾病领域开始广为人知。在组织方面，组织已经完成基础架构，包括章程和制度的搭建，核心团队也更为专业化。同时，活动范围不断地扩大，辐射周边城市或地区，活动类型也开始多样化。并且与疾病领域的相关方建立联系，并维持良好关系。组织的资金来源也开始多样化，筹资和财务管理能力有所提高。在创新力上，成员也能更为熟练和专业的使用数字化工具。

对于成长期的组织而言，需要开展跨地区的交流活动、个性化支持项目，培养组织的倡导力和宣传力。同时，与国际相关疾病领域组织取得联系，维护和利益相关方的关系。组织内领导者需要确保团队的可持续性，继续扩大组织的影响力。在已有的基础上设计高层架构，如专家委员会。并设定团队内个人发展和能力培训计划及内部考核指标。组织需继续维持和管理现有资金来源，并不断寻求新渠道。另外，专员需维护官方账号，加强不同地区患者社区沟通和管理机制。

表5-4 成长期的特点、发展建议和可用资源

	特点	建议	可用资源
领导力	团队仍然高度依赖一两位领导，同时在疾病领域开始广为人知	• 领导者需要确保团队的可持续性 • 继续扩大组织的影响力	• 其他患者组织的成功经验 • 专业医护支持和固定交流 • 基金会或其他机构/部门的支助 • 医院和其他机构的宣传网络 • 第三方服务商，如IT、财务、培训
组织力	已完成基础架构、章程和制度的搭建，核心团队更为专业化	• 设计高层架构，如专家委员会 • 设定个人发展和能力培训计划 • 设计内部考核指标	
活动力	活动范围不断地扩大，辐射至周边城市或地区，同时活动类型也开始多样化	• 开展跨地区的交流活动 • 个性化支持项目 • 培养组织倡导力和宣传力	
协作力	与疾病领域的所有相关方建立联系，并维持和关键方的良好关系	• 与国际相关疾病领域组织取得联系 • 维护和关键方的关系	
经营力	筹资和财务管理能力有所提高，资金来源也开始多样化	• 维持和管理现有资金来源 • 寻求新渠道	
创新力	更为熟练和专业地使用数字化工具	• 维护官方账号，包括定期更新活动、公开财务等信息 • 加强不同地区患者社区沟通和管理机制	

（5）成熟期：具有影响力

成熟期的患者组织已具有相当影响力，即使更换组织领导，也能够维持日常管理和运营（表5-5）。对外方面，则成为特定疾病领域的先驱，甚至可以充当其他组织的"保护伞"。在组织力方面，组织架构完善，具有相应的职能部门，甚至有专家委员会等高级管理架构，拥有专职人员和志愿者团队。有能力举办覆盖全国范围的大型活动，包括基本的患者支持活动，倡导、研究为主的医学活动和社会活动。且团队已拥有地方、国家甚至国际上的关系，可参与多方合作项目并借此扩大影响力。组织有更为完善和可持续化的财务模块，稳定的筹资途径和资金来源，并且能够内部消化日常运营和管理成本。此外，在可以熟练运用的前提下，开发或者创建更加便利和实用的管理工具和平台。

表 5-5　成熟期的特点、发展建议和可用资源

	特点	建议	可用资源
领导力	即使更换领导，组织也能够维持日常管理和运营。对外则成为特定疾病领域的先驱，甚至可以充当其他组织的"保护伞"	参与疾病领域的重大活动	・内部专业团队 ・专业医护支持和固定交流 ・基金会或其他机构/部门的支助 ・医院和其他机构的宣传网络 ・第三方服务商，如IT、财务、培训
组织力	组织架构完善，具有相应的职能部门甚有专家委员会等高级管理架构，拥有专职人员和志愿者团队	・完善高层架构 ・提供更专业的培训 ・加强管理和内部信息透明度	
活动力	能够举办覆盖全国范围的活动，除了提供基本的患者支持活动，还能够参加研究或者倡导等医学和社会活动	・维持固定活动 ・巩固组织倡导力和宣传力 ・提供资料和证据收集培训	
协作力	拥有地方、国家甚至国际上的关系，参与多方合作项目并借此扩大影响力	维护和各方的关系	
经营力	更为完善和可持续化的财务模块，稳定的筹资途径和资金来源，能够内部消化日常运营和管理成本	・维持和管理现有资金来源 ・寻求新渠道	
创新力	在熟练运用的前提下，开发或者创建更加便利和实用的工具和平台	・维护官方账号，包括定期更新活动、公开财务等信息 ・加强不同地区患者社区沟通和管理机制	

　　成熟组织的重要环节便是维持固定活动，参与疾病领域的重大活动。巩固组织的倡导力和宣传力。同时，也要维护和利益相关方的关系，管理现有资金来源，并不断谋求新的渠道。在管理方面，需要完善高层架构，为人员提供更专业的培训，并加强内部信息透明度的管理。另外，专员需要继续维护官方信息，包括维护官方账号，定期更新活动、公开财务状况，并且加强不同地区患者组织的沟通和管理机制。

（6）变革期：精益求精不断演变

精益求精是一个永无止境的过程。一个成熟的患者组织，仍然可以巩固前期取得的成果，对内完善结构和改进管理，对外提高知名度和可信度，提高效率和扩大影响力。以此来加强组织在疾病领域的影响力，更好地为患者提供服务和发声。当组织越趋于成熟的状态，则越要根据患者处境灵活地调整策略和活动。

为了支持组织的成长，内部架构需要根据情况灵活地调整。活动类型要多样化和多方化，在不同活动场合，积极地告知疾病对于患者的影响，进行疾病科普。和具有影响力的公益组织和机构合作，以此增加曝光度和影响力；活动涉及国家和地区的也会随着组织的壮大而增加。

3. 患者组织不同发展阶段所需组织能力及赋能培养

根据患者组织发展所需能力，设计赋能主题课程并标记所需要设计课程的重点内容，如表 5-6 所示。

表 5-6　根据患者组织发展所需能力，设计赋能主题课程并标记所需要设计的课程的重点内容

话题	子话题	课程细化
领导力	核心价值：使命、愿景和目标	1. 鼓舞士气的激励
	领导力战略	2. 领导者的正向影响力
组织力	架构搭建	3. 患者组织合法化 4. 合理分工建立组织架构
	项目管理	5. 步步为营的计划 6. 患者组织工作年度计划落地与实施
活动力	患者教育和支持	7. 丰富多彩的患者教育活动开展 8. 患者与患者家属情绪支持活动
	研究支持	9. 如何帮助临床研究
	宣导策略	10. 倡导中的利益相关者梳理 11. 如何收集和展现重要证据
经营力	筹资策略	12. 多样化的筹款策略
	财务管理	13. 组织内部的财务管理

续表

话题	子话题	课程细化
协作力	社交网络	14. 为组织发声—演讲技巧 15. 双赢谈判技巧
	沟通战略	16. 促进理解的沟通技巧 17. 不同的沟通对象的应对策略 18. 不同沟通场景演练
创新力	数字化和社交媒体管理	19. 公益传播如何抓住听众的心 20. 如何建立一个有效的媒体平台

4. 患者组织成长发展启示

（1）建立声誉和信誉是患者组织可持续发展的必修课

这是一个漫长而艰巨的过程，需要从所有参与方（患者、护理人员、专业医护社区、企业、政府等）获得信心。如患者组织的资金来源主要依靠募捐时，声誉和信誉就更关键，这也适用于行业和公众参与的财政捐助。获得声誉需要漫长的时间，但失去声誉是快速和残酷的，并且会直接威胁组织的可持续性。

（2）独立是信誉的保证

保持组织独立性是维持声誉的关键，对于患者组织来说，独立是必要且有益的。

（3）建立协作网络，与所有参与者协作，形成影响力

保持独立性的同时，也需要有开放合作和积极对话的意识。必须鼓励与所有参与者建立社交网络并开展合作，成功的患者组织应该培养广泛的网络资源并多方参与，积极进取地与主要参与方合作。

（4）患者组织发展中需要采用精细化的结构

患者组织越成熟，架构和治理则越复杂，从实践中学习是患者组织成长过程中必要的方式，进入下一个组织发展阶段还需要能力和技能，需要通过关键决策流程、职责分配和管理进行管理。

（5）资金来源的多样化是独立性和可持续性的关键

财务能力是发展一个成熟组织的关键，所有成熟的患者组织通常注重多样化的资金渠道，这有助于财务模式的可持续性，也是患者组织独立性的条件。公众捐赠通常能够保证更多的独立性和更少的偏见。

（6）成熟是一个永无止境的过程

实现成熟并不意味着结束发展，领导力、组织力、活动力、协作力、经营力和创新力始终有着改进和优化的机会，为了保持可持续性和增长力，患者组织需要参与持续学习，并始终向前迈进。

参考文献

[1] European Medicines Agency.Criteria to be fulfilled by patient，consumer and healthcare professional organisations involved in European Medicines Agency（EMA）activities[EB/OL].（2018-03-15）[2023-02-10].http://www.ema.europa.eu/docs/en_GB/document_library/Regulatory_and_procedural_guideline/2009/12/WC500018099.pdf.

案例 5.3 患者创新联盟与合作组织

陆 昀

作为患者及照护者利益的代表，患者组织在凝聚和扩大患者声音、提升疾病和治疗认知度、争取和保护患者权益、呼吁政策和医疗资源落实等方面发挥了重要作用。

中国的患者组织大多成立于 2000 年以后，主要集中在罕见病和肿瘤领域。与发展相对成熟的欧美患者组织相比，中国病友群体面临专业人才稀缺、组织形式松散、获取和整合信息和资源能力有限、缺乏系统化管理和发展等问题。为了尽快缩短差距，中国的患者组织尤其重视自身能力建设，希望不断汲取国际经验，为中国患者提供更好的服务，发挥更大的社会价值。

与此同时，一些新兴技术，如数字化医疗、大数据等，已经被中国患者组织广泛应用并触达患者众多，并为他们搭建更高效便捷的服务体系，提供个性化定制化服务。因此，中国患者组织一方面亟须明确自身定位，了解自身所处的阶段和发展的方向，提升专业度和社群服务能力；另一方面需要国际化的视野和交流分享平台，发挥自身优势，让中国的患者组织在全球舞台中占有一席之地。

2020 年，基于对患者的承诺，以及对全球患者组织的了解，患者创新联盟与合作组织（Alliance Partnerships Patient Innovation Solution，APPIS）率先在亚太、中东和非洲等地区发起。该组织旨在整合患者组织和行业利益相关方的诉求，共同为患者健康带来积极的影响和改变。为了此愿景的实现，APPIS 打造了多种创新的平台和形式，提升患者组织的影响力，进一步放大患者声音，推动区域医疗健康体系的可持续发展。

1. 直击患者组织需求，白皮书建议解决方案

2021 年，为了更加深入地了解整个亚太、中东和非洲地区患者组织的现状和所面临的挑战，APPIS 对来自 12 个国家和地区的 147 位患者组织代表进行了调研，并将其结果和建议整合发布了《基于同患者组织合作，解决亚太及其他地区患者组织未满足的需求白皮书》（以下简称"白皮书"）。调研结果显示，

83% 的患者组织认为获得可持续资金支持是其发展的难题之一，就此白皮书建议建立可持续的资金支持规划，最大化资金支持渠道，并利用科技手段触及更多受众。针对提升疾病关注度（82%）及信息资讯获取渠道（79%）方面的挑战，可通过加快数字化进程并充分利用社交媒体等方式实现。与关键利益相关方建立稳固的合作伙伴关系，也是患者组织长期发展需要关注的重点之一。白皮书除了针对患者组织面临的主要挑战给出了诸多建设性意见外，还将白皮书所收集到的患者组织面临的痛点和成长需求成为每年 APPIS 高峰论坛及其他系列活动重点关注和讨论的话题。

2. 群策群力，APPIS 搭建国际交流平台

APPIS 为患者组织提供了一个国际化的交流和分享平台，以 APPIS 峰会为例，它汇集了地区患者组织和医疗生态健康体系中的多方力量（如政策制定方、支付方等），聚焦患者组织面临的重大问题和关键挑战，通过交流、分享、学习，不断探索可行的解决方案。

2021 年，APPIS 峰会参会代表超过 880 名，分别来自 36 个国家和地区的300 多家患者组织。峰会议程由 APPIS 组委会成员和诺华共同设计和制定，组委会成员均为该区域最权威、最具代表性的患者组织负责人。通过多年的积累，他们深谙该地区或疾病领域的医疗卫生政策、患者面临的实际困难和诉求，并摸索出一套行之有效的方法，为改变患者健康和生存质量积极进言献策。

2022 年 APPIS 峰会再度升级，围绕健康素养、政策呼吁和数字健康 3 个话题展开，聚焦心血管疾病、乳腺癌、慢性粒细胞白血病等重大疾病，分享了多国患者组织的解决方案，帮助行业各界人士更加深入地理解各地区患者组织的运作模式和成功经验。患者在政策呼吁方面的成功案例更为其他地区的患者组织提供了有价值的参考，增强他们在政策倡导方面的参与度和活跃度。

后 记
患者参与的挑战和机遇

吴　云

　　健康是每个人的头等大事，就医用药不可避免。因此，医药行业受到广泛关注和监督，患者也越来越多地参与医疗卫生决策。患者参与的价值得到广泛认可，患者组织在医疗卫生生态圈中的影响力不断提高。但受制于外部环境和内部发展等多方因素影响，患者参与在实践的道路上还存在不少挑战。

　　首先，患者参与的主要合作方之一是制药企业，而制药企业系统开展患者参与的时间并不长，行业内缺乏患者参与共识，甚至企业内部不同部门之间对患者参与也有不同的理解，导致患者组织在和企业沟通合作中存在目标不一致、短期性等情况，离真正的合作伙伴关系还有很大差距。其次，患者组织自身发展遭遇障碍和瓶颈，患者组织整体发展不均衡。初创组织在与利益相关方沟通合作、筹资、业务拓展等方面的能力较为欠缺，而相对成熟的患者组织在组织的战略规划和持续发展方面也遇到较大挑战，这些都直接导致了某些利益相关方对于和患者组织的沟通合作仍然持谨慎观望态度，患者组织和利益相关方尤其是政府决策部门缺乏高效的对话机制。最后，药物全生命周期各阶段的利益相关方由于身份角色和所处位置的不同，导致各方在解决患者用药问题的决策过程中所关注的焦点不尽相同，如何在以患者为中心的前提下，找到各方利益和患者诉求的平衡，并提出最佳解决方案，实现价值最大化和多方共赢，值得各方深思。

　　虽然患者参与仍面临着诸多挑战，但时代的发展、社会的进步又赋予了患者参与更多的机遇。

　　首先，《"健康中国2030"规划纲要》指出要促进全社会广泛参与，强化跨部门协作。《中华人民共和国国民经济和社会发展第十四个五年规划和2035年远景目标纲要》全面开启了健康中国的建设，国家将推行一系列的社会保障体系和重要举措来保障患者尤其是重大疾病患者的健康。患者组织作为医疗卫生生态圈的重要组成部分，借助政策利好，可以和各相关部门积极合作，整合多方资源，在为患者解决实际问题的过程中实现组织的成长和发展。

其次，在药物全生命周期各阶段的决策过程中，除了制药企业，各利益相关方包括药物监管、医疗保障、诊疗中心等在内的决策者，越来越重视来自患者群体的声音和证据。患者组织因其在患者群体中的凝聚力和号召力，可以组织、参与或协调患者洞见和患者体验的挖掘、患者报告结局的收集，以及真实世界证据的生成，从而促进"以患者为中心"的决策制定，帮助患者实现有药可医、药物可及。

与此同时，中国数字化技术的发展及疫情防控政策下大众数字行为的改变，极大地推动了患者组织的数字化转型，患者个体与患者组织的连接更加紧密，数字化运作的患者组织在为患者提供更加便捷、高效的疾病科普及同伴支持等服务的同时，也能更加有序、持久地开展数据积累和证据生成工作，为药物开发、医保准入提供更有价值的洞见和数据。

最后，在全球一体化逐步形成的今天，在多方的支持和链接下，国内及国际患者组织合作网络得以建立并不断发展，促进了不同形式、不同发展阶段，甚至不同疾病领域间患者组织的交流学习、资源共享、合作共建及共同发展，患者组织的运营从松散、作坊式的运作逐渐走向职业化、专业化发展道路，在药物全生命周期中的参与越来越广泛、深入。可以预见，未来患者参与必将发挥着更大的影响力甚至驱动作用。

"以患者为中心"已经成为制药行业的理念共识。在实际工作中，只有把患者放在心中，感同身受，站在患者的角度来思考，才能提出以患者为中心的解决方案。同时，患者参与可以帮助企业以更高的效率、更低的成本提供更优的解决方案，从而实现商业价值和社会价值的双赢。从社会层面来说，通过积极有效的患者参与可以推动医学科学的进步，以及相关的政策变革，改善医疗卫生环境，提升大众整体的健康水平，这与健康中国规划中所倡导的全社会广泛参与，从治病到健康的发展理念是一致的。

期待本书呈现的内容能够给相关从业者、患者组织，以及更多利益相关方以参考、借鉴和启发，也期待读者的反馈和建议。